发动机原理

FADONGJI YUANLI

主　编　阎春利　王宪彬

东北林业大学出版社

·哈尔滨·

图书在版编目（CIP）数据

发动机原理／阎春利，王宪彬主编. --2 版. --哈
尔滨：东北林业大学出版社，2016.7（2024.8重印）

ISBN 978 - 7 - 5674 - 0796 - 1

Ⅰ.①发… Ⅱ.①阎… ②王… Ⅲ.①发动机-高等
学校-教材 Ⅳ.①TK05

中国版本图书馆 CIP 数据核字（2016）第 150532

责任编辑：姜俊清

封面设计：刘长友

出版发行：东北林业大学出版社（哈尔滨市香坊区哈平六道街6号　邮编：150040）

印　　装：三河市佳星印装有限公司

开　　本：787mm×960mm　1/16

印　　张：13.25

字　　数：230 千字

版　　次：2016 年 8 月第 2 版

印　　次：2024 年 8 月第 3 次印刷

定　　价：53.00 元

如发现印装质量问题，请与出版社联系调换。（电话：0451 - 82113296　82191620）

前　　言

　　本教材是为适应本科教学改革的需要，在传统汽车发动机原理的基础上编写的。教材内容力求加强基础，突出针对性、先进性和实用性的特点，将理论与实际相结合。教材在内容上增加工程热力学基础知识，采用最新国家标准，比如车用汽车、柴油的标准、汽车排放法规等，删除过时的化油器式发动机的内容，增加汽油机和柴油机电控技术知识以及汽油发动机增压技术等。在结构编排上注重前后衔接，按照发动机的工作过程分章进行，注意知识的连贯性，如将发动机增压技术放在第八章，因为增压技术对发动机性能的影响体现在各个阶段。每章结尾设有复习思考题，有利于学生对重点知识的掌握。教材是基于作者多年本科教学经验，并参考大量文献基础上编写的，它可以作为高等学校车辆工程、交通运输（汽车运用工程）、汽车服务工程等专业的本科教材，也可作为相关专业的教学用书或工程技术人员的参考书。教材按照参考教学时数 40~48 学时（含实验 4~8 学时）编写。

　　本教材共分为工程热力学基础、发动机循环与性能指标、发动机的换气过程、燃料与燃烧热化学、汽油机混合气形成和燃烧、柴油机混合气的形成和燃烧、发动机特性、废气涡轮增压技术、发动机排放污染与噪声等九章内容，并在教材最后增加了关于发动机台架试验和汽车排放标准的附录。

　　教材编写过程中，参阅了大量的参考文献，对文献的作者及为我们提供资料的朋友和同仁表示诚挚的谢意。

　　由于编者水平有限，书中难免出现纰漏、不足及错误之处，诚请广大读者批评指正。

编　者
2016 年 6 月于哈尔滨

目　录

1　工程热力学基础知识

　　热力学是研究热能性质及其转换规律的科学。工程热力学是热力学的一个分支，它着重研究与热力工程有关的热能和机械能相互转换的规律。在阐明两条基本定律的基础上，分析热力工程有关热力过程及热力循环，从理论上研究提高热功转换的有效途径。

　　本章仅就工程热力学基础知识作简要阐述，为学习汽车发动机原理提供必要的理论基础和分析计算方法。

1.1　热力系统及气体的热力状态

1.1.1　热力系统

　　热力学中研究热功转换时，总是研究固定的一些物体或固定空间中的一些物质，在热功转换过程中的行为和它们的变化。热力学中把主要研究对象的物体总称为热力系统；把热力系统外面和热功转换过程有关的其他物体称为外界；热力系统和外界的分界面称为边界。通常把实现热功转换的工作物质称为工质。把供给工质热量的高温物质称为高温热源；而把吸收工质放出热量的冷却介质或环境称为低温热源。热力系统通常就是由热力设备中的工质所组成，而高温热源、低温热源和其他物体等则组成外界。

　　若一个热力系统和外界只可能有能量（热能、机械功等）交换而无物质交换，称为闭口系统。若一个热力系统和外界既可能有能量交换，同时又有物质交换，称为开口系统。

1.1.2　气体的热力状态及其状态参数

　　热力学中把工质所处的宏观状态称为工质的热力状态。工质的状态常用物理量来描述，这些物理量称为状态参数。常用的状态参数有 6 个，即压力 p、温度 T、比体积 v、热力学能 U、焓 H 和熵 S。其中 p，T，v 三个可以测量的物理量称为基本状态参数。

1.1.2.1　压力 p

　　气体对单位面积容器壁所施加的垂直作用力称为压力 p。按照分子运动论，气体的压力是大量分子向容器壁面撞击的统计量。压力的单位为 Pa，工程上常用 kPa 与 MPa。

容器内气体压力的大小有两种不同的表示方法：一种是指明气体施于器壁上压力的实际数值，叫绝对压力，符号为 p；另一种是测量时压力计的读数，叫表压力，符号为 p_g。由图 1-1 可知，表压力是绝对压力高出于当时当地的大气压力 p_a 的数值。其关系式为

$$p = p_a + p_g \qquad (1-1)$$

如果容器内气体的绝对压力低于外界大气压力时，表压力为负值，仅取其数值，称为真空度，记作 p_v，即

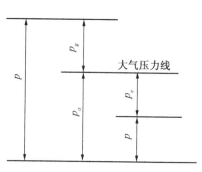

图 1-1　表压力、真空度
与绝对压力的关系

$$p = p_a + p_v \qquad (1-2)$$

真空度的数值越大，说明越接近绝对真空。

表压力、真空度都只是相对于当时当地的大气压力而言的。显然，只有绝对压力才是真正说明气体状态的状态参数。

1.1.2.2　温度 T

温度表示气体冷热的程度。按照分子运动论，气体的温度是气体内部分子不规则运动激烈程度的量度，是与气体分子平均速度有关的一个统计量。气体的温度越高，表明气体分子的平均动能越大。

热力学温度 T 的单位为 K，是国际单位制 SI 中的基本单位。选取水的三相点温度为基本定点温度，规定其温度为 273.16 K，1 K 等于水的三相点热力学温度的1/273.16。国际单位制（SI）容许使用摄氏温度 t，并定义

$$t = T - T_0 \qquad (1-3)$$
$$T_0 = 273.15 \text{ K}$$

在一般工程计算中，把 T_0 取作 273 K 已足够精确。摄氏温度每一度间隔与热力学温度每一度间隔相等，但摄氏温度的零点比热力学温度的零点高273.15 K。热力学温度不可能有负值。必须指出，只有热力学温度才是状态参数。

1.1.2.3　比体积 v

比体积是单位质量的物质所占有的容积，即

$$v = \frac{V}{m} \qquad V = mv \qquad (1-4)$$

式中：v——比体积；

      V——容积；

      m——质量。

比体积的倒数称为密度 ρ。密度是指单位容积的物质所具有的质量：

$$\rho = \frac{m}{V} \tag{1 - 5}$$

比体积的单位为 m³/kg；密度的单位为 kg/m³。

1.1.3 平衡状态

描述热力系统的状态时，如果整个系统的状态均匀一致，在系统内到处有相同的温度和相同的压力，且不随时间而变化，这样的状态称为热力学平衡状态，简称平衡状态。处于平衡状态时，气体的所有状态参数都有确定的数值。如果外界条件不变，系统的状态始终保持不变。如果受到外界作用，引起系统内温度和压力的变化，破坏了系统平衡状态，则当外界作用停止后，系统将自发地发生机械和热作用，最后系统达到新的平衡状态。

热力系统从一个状态向另一个状态变化时，所经历的全部状态的总和，称为热力过程。

热力系统从一个平衡（均匀）状态，连续经历一系列（无数个）平衡的中间状态，过渡到另一个平衡状态，这样的过程称为内平衡过程；否则便是内不平衡过程。

在热力学中，常用两个彼此独立的状态参数构成坐标图，例如以 p 为纵坐标、v 为横坐标组成的坐标图，简称压容图，用来进行热力学分析。图 1 - 2 中，1，2 两点分别代表 p_1，v_1 和 p_2，v_2 两个独立的状态参数所确定的两个平衡状态；1 - 2 曲线代表一个内平衡过程。如果工质由 1′ 变化到状态 2′ 所经历的不是一个内平衡过程，则该过程无法在 $p - v$ 图上表示，仅可标出 1′，2′ 两个平衡态，其过程用虚线表示。

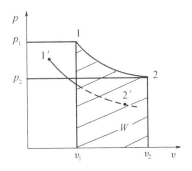

图 1 - 2 内平衡过程在 $p - v$ 图上的表示

在图 1 - 2 中，假设系统经历平衡过程 1 - 2，由状态 1 变化到状态 2，并对外做膨胀功 W，如果外界给以同样大小的压缩功 W，使系统从状态 2 反向循着原来的过程曲线，经历完全相同的中间状态，恢复到原来的状态 1，外界也回复到原来的状态，既没有得到功，也没有消耗功,这样的平衡过程称为可逆过程。

只有无摩擦、无温差的平衡过程才有可逆性,即可逆过程就是无摩擦、无温差的平衡过程。

可逆过程是没有任何损失的理想过程,实际的热力过程既不可能是绝对的平衡过程,又不可避免地会有摩擦。因此,可逆过程是实际过程的理想极限。

1.1.4 理想气体状态方程式

所谓理想气体,就是假设在气体内部,其分子不占体积,分子间又没有吸引力的气体。

在热力计算和分析中,常常把空气、燃气、烟气等气体都近似地看作理想气体。因为气体分子之间的平均距离通常要比液体和固体的大得多,所以,气体分子本身的体积比气体所占的容积小得多,气体之间的吸引力也很小。通常把实际气体近似地看作理想气体来进行各种热力计算,其结果极其相似。所以,对理想气体性质的研究,在理论上和实际上都是很重要的。

根据分子运动论和对理想气体的假定,结合实验所得的一些气体定律,并综合表示成理想气体状态方程式(或称克拉贝隆方程式)。对于 1 kg 理想气体,其状态方程为

$$pv = RT \qquad\qquad (1-6a)$$

对于 m kg 理想气体,总容积 $V = mv$,其状态方程为

$$pv = mRT \qquad\qquad (1-6b)$$

式中:R——某种气体常数 $[J/(kg \cdot K)]$,它的数值决定于气体的种类。

对于摩尔质量的理想气体,其状态方程为

$$R_m = \frac{pV_m}{T} \qquad\qquad (1-7)$$

式中:R_m——摩尔气体常数,$J/(mol \cdot K)$;

V_m——摩尔体积,m^3/mol。

对于任何理想气体,R_m 的数值都相同,$R_m = 8.314\ J/(mol \cdot K)$ 并称为普通比例常数。

理想气体状态方程式反映了理想气体三个基本状态参数间的内在联系,即 $F(p, v, T) = 0$,只要知道其中两个参数,就可以通过该方程求出第三个参数。

1.1.5 工质的比热容 (质量热容)

在热力过程中,热量的计算常利用比热容。工质的比热容就是热容除以

质量。比热容的物理量符号用 c 表示，单位符号为 J/（kg·K）。按定义

$$c = \frac{\mathrm{d}q}{\mathrm{d}T} \qquad (1-8)$$

式中：$\mathrm{d}q$——某工质在某一状态下温度变化 $\mathrm{d}T$ 时所吸收或放出的热量，J。

比热容是物质的一个重要的热力学性质。气体比热容数值与气体的性质、热力过程的性质和加热的状态等有关。

1.1.5.1　单位工质的热容与物理量单位的关系

因为单位工质可用 kg，mol，m^3 表示，因此单位工质的热容有如下三种：

（1）比热容（质量热容）c，单位，J/（kg·K）。

（2）摩尔热容 C_m，单位，J/（mol·K）。

（3）标准状态下的体积热容 C_v，单位，J/（m^3·K）。

1.1.5.2　比定压热容和比定容热容

气体在压力不变或容积不变的条件下被加热时的比热容，分别叫做比定压热容和比定容热容，通常用脚标 p 和 V 来识别。定义比热比 $\gamma = c_p/c_v$。

气体在定压下受热时，由于在温度升高的同时，还要克服外界抵抗力而膨胀做功，所以同样升高 1 ℃，比在定容下受热时需要更多的热量。实验表明，理想气体的比定压热容和比定容热容的差是一个常数，即

$$c_p - c_v = R \qquad \text{（梅耶公式）}\quad(1-9\mathrm{a})$$

对于理想气体，等熵指数 k 为

$$k = \gamma = \frac{c_p}{c_V}$$

等熵指数在工程热力学中有很重要的作用。如果以 k 和 R 来表示 c_p 和 c_V，由梅耶公式可得

$$c_V = \frac{1}{k-1}R$$

$$c_p = \frac{1}{k-1}R \qquad (1-9\mathrm{b})$$

1.1.5.3　常量比热容

在实际应用中，当温度变化不大或不要求很精确的计算时，常忽略温度的影响，把理想气体的比热容当作常量，只按理想气体的原子数确定比热容，称为定比热容，如表 1-1 所示。

表 1 - 1 理想气体的定比热容

理想气体原子数	摩尔定容热容 $c_{v,m}/$ [J/（mol·K）]	摩尔定压热容 $c_{p,m}/$ [J/（mol·K）]
单原子气体	$3 \times 4.186\ 8$	$5 \times 4.186\ 8$
双原子气体	$5 \times 4.186\ 8$	$7 \times 4.186\ 8$
多原子气体	$7 \times 4.186\ 8$	$9 \times 4.186\ 8$

1.2　功和热量

1.2.1　功

　　力学中把物体所受到的力 F 和物体在力的作用方向上的位移 x 两者的乘积，定义为力所做的功，并用符号 W 表示，即

$$W = Fx$$

　　热力学中，功就是当系统和外界之间存在压差时，系统通过边界和外界之间相互传递的能量。

　　图 1 - 3 表示 1 kg 工质封闭在气缸内，进行一个可逆过程的膨胀做功情况。设活塞截面积为 A（m²），工质作用在活塞上的压力为 p，活塞被推进一微小距离 dx，在这期间，工质的膨胀极小，工质的压力近乎不变，因而工质对活塞做的功为

$$\mathrm{d}W = pA\mathrm{d}x = p\mathrm{d}V = mp\mathrm{d}v$$

$$(1 - 10)$$

对可逆过程 1 - 2，单位工质由状态 1 膨胀到状态 2 所做的膨胀功为

$$W = \int_{v_1}^{v_2} p\mathrm{d}v \qquad (1 - 11)$$

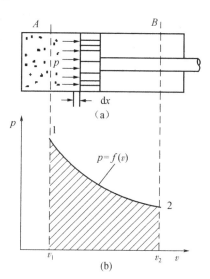

图 1 - 3　可逆过程的膨胀

（a）活塞位移示意图；（b）p - v 图

　　如果已知工质的初、终态参数，以及过程 1 - 2 的函数关系，则可求得单位工质的膨胀功 w，其数值等于 p - v 图上过程曲线 1 - 2 下面所包围的面积。因此，p - v 图也叫示功图。由图可见，膨胀功不仅与状态的改变有关，

而且与状态变化所经历的过程有关。

若气缸中的工质质量为 m kg，其总容积为 $V = m v$，膨胀功为

$$W = mw = m\int_{v_1}^{v_2}pdv = \int_{v_1}^{v_2}pdV \qquad (1-12)$$

当工质不是膨胀，而是受到外界压缩时，则是外界对工质做功。这时 dv 为负值，由式（1 – 12）算出的 W 也是负值，负的膨胀功实际上表明工质接受了外界的压缩功。

1.2.2 热 量

热量是由温度的不同，系统和外界间穿越边界而传递的能量。热量和功一样不是热力状态的参数，而是工质状态改变时对外的效应，但热量不可能把它的全部能量表现为使物体改变宏观运动的状态。

热量和功的根本区别在于：功是两物体间通过宏观运动发生相互作用而传递的能量；热量则是两物体间通过微观的分子运动发生相互作用而传递的能量。

按习惯，规定外界加给系统的热量为正，而系统传给外界的热量为负。国际单位制规定功 W 和热量 Q 的单位都用焦耳（J）。

1.2.3 熵

功和热量都是工质与外界间传递的能量，故两者具有许多共同的特征。功是工质与外界发生机械作用时传递的能量。工质的压力 p 是工质对外界做功的推动力。比容 v 的变化则是衡量工质对外界做功与否的标志。用类比的方法，既然热量是工质与外界发生热交换时起推动"力"的作用，于是作为衡量工质对外界做功与否的标志，必然也应是工质的某种状态参数的变化。这种状态参数就是熵，用符号 S 表示，单位为 J/K。1 kg 工质的熵称为比熵，符号为 s，单位为 J/（kg·K）。类比于功的关系式，可以得到

$$dq = tds \qquad (1-13)$$

比熵的定义式为

$$ds = \frac{dq}{T} \qquad (1-14)$$

式中：dq——可逆过程中系统与外界交换的微元热量；

T——可逆过程的温度（可逆过程系统与外界的温度随时保持相等）。

熵的增量等于系统在可逆过程中交换的热量除以传热时的绝对温度所得商。熵是工质的一个状态参数。对于工质的每个给定的状态，熵有确定的数

值。

同功量的图示相似，也可用每个独立的状态参数 T，s 构成的状态图来表示热量，如图 1-4。在 $T-s$ 图上的一点表示一个平衡状态，一条曲线表示一个可逆过程。

$$q = \int_1^2 T\mathrm{d}s = \text{面积 } 12s_2s_1$$

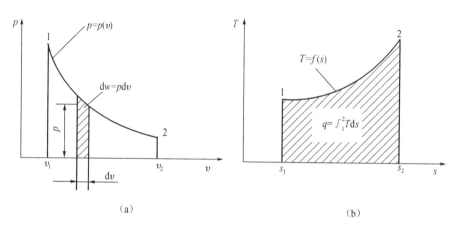

（a）   （b）

图 1-4　可逆过程的 $p-v$ 图和 $T-s$ 图
（a）$p-v$ 图；（b）$T-s$ 图

因此 $T-s$ 图上曲线 1-2 下的面积，表示该过程中的传热量 q 的大小，故 $T-s$ 图又称为"示热图"，它在热工计算中有重要的功用。

对于 m kg 工质的热量 Q，可按下式计算：

$$Q = m\int_1^2 T\mathrm{d}s = \int_1^2 T\mathrm{d}S \qquad (1-15)$$

从表 1-2 的对比中，可以清楚地看到功与热量的对比关系。熵有如下性质：

（1）熵是一个状态参数，如已知系统两个独立的状态参数，即可求出熵的值。

（2）只有在平衡状态下，熵才有确定的值。

（3）通常只需求熵的变化量 Δs，而不必求熵的绝对值。

（4）熵是可加性的量，m kg 工质的熵是 1 kg 工质熵的 m 倍，$S = ms$。

（5）在可逆过程中，从熵的变化中可以判断热量的传递方向：$\mathrm{d}s > 0$ 系统吸热；$\mathrm{d}s = 0$ 系统绝热；$\mathrm{d}s < 0$ 系统放热。

表 1 - 2　热力学的功与热

项　目	功	热　量
表达式	$dw = pdv, w = \int_1^2 pdv$	$dq = tds, q = \int_1^2 Tds$
动力	p	T
能力传递方式	$dv > 0$, $dw > 0$ 对外做功 $dv = 0$, $dw = 0$ 不做功 $dv < 0$, $dw < 0$ 对内做功	$ds > 0$, $dq > 0$ 工质吸热 $ds = 0$, $dq = 0$ 绝热 $ds < 0$, $dq < 0$ 工质放热
图示	$p - v$ 图	$T - s$ 图

1.3　热力学第一定律

热力学第一定律是能量转换与守恒定律在热力学中的一种表述。根据热力学第一定律，建立了闭口系统和开口系统的能量方程式，它们是进行热力分析和热力计算的主要基础。

1.3.1　热力学第一定律

热力学第一定律：热和功可以相互转换，为了要获得一定量的功，必须消耗一定量的热；反之，消耗一定量的功，必会产生一定量的热。

工质经历受热做功的热力过程时，工质从外界接受的热量、工质因受热膨胀而对外所做出的功、同时间内工质所储存或付出的能量三者之间，必须保持收支上的平衡，否则就不符合能量守恒的原则。

1.3.2　工质的热力学能

工质内部所具有的各种能量，总称为工质的热力学能（内能）。由于工程热力学主要讨论热能和机械能之间的相互转换，不考虑化学能变化和原子核反应的热力过程，故可以认为这两部分能量保持不变，认为工质热力学能是分子热运动的动能和克服分子间作用力的分子位能的总和。分子动能是由分子直线运动动能、旋转运动动能、分子内原子振动能、原子内的电子振动能等组成。由于工质内的动能与位能都与热能有关，故也称作工质内部的热能。分子热运动动能是温度 T 的函数，分子间的位能是比体积 v 的函数。因此，工质的热力学能取决于工质的温度和比体积，即与工质的热力状态有关。一旦工质的状态发生变化，热力学能也就跟着改变。单位质量工质的热力学能（比热力学能）u 也是一个状态参数，其单位是 J/kg 或 kJ/kg。m kg 工质的总热力学能 $U = mu$，单位是 J 或 kJ。

工质热力学能变化值 $\Delta U = U_2 - U_1$，只与工质的初、终状态有关，而与工质由状态 1 到状态 2 所经历的过程无关。在热工计算中，通常只需计算热力学能变化值，对热力学能在某一状态下的值不感兴趣。

对于理想气体，因假设其分子间没有引力，故理想气体分子间的位能为零，其比热力学能 u 仅是温度的单值函数。

1.3.3　闭口系统能量方程

热力学第一定律应用到不同热力系统的能量转换过程中去，可得到不同的能量平衡方程式。现在讨论最简单的封闭系统的能量转换情况。

封闭在气缸中的定量工质，可作为封闭系统的典型例子。假定气缸中的 1 kg 工质，热力学第一定律可以表达为

$$q = \Delta u + w \qquad (1-16a)$$

式中：q——外界加给每 1 kg 工质的热量，J/kg；

　　　w——每 1 kg 工质对外界所做的功，J/kg；

　　　Δu——每 1 kg 工质热力学能的增加，J/kg。

对于 m kg 工质来说，则其总热量 Q 为

$$Q = \Delta U + W \qquad (1-16b)$$

式（1-16a）叫做热力学第一定律解析式或封闭系统能量方程式。式中各项可以是正数、零或负数。若 q 为负，表明工质对外界传出热量；w 为负，表明工质接受了外界的压缩功；Δu 为负，表明工质的热力学能减少。

以上公式是从热力学第一定律直接用于闭口系统而导出的，所以它们对任何工质和任何过程都是适用的。

式（1-16a）清楚地表明热量和功的转换要通过工质来完成。如果让热机工质定期回到它的初状态，周而复始，循环不息，就可不断地使热量转换为功。此时每完成一个闭合的热力过程（热力循环），工质的热力学能不变，即 $\oint du = 0$。根据式（1-16a），在该周期内，工质实际所得到的热量，将全部转变为当量的功。这正是热机工作的基本原理。由此可见，不消耗热量或少消耗热量而连续作出超额机械功的热机是不存在的。热力学第一定律直接否定了这种创造能量的"第一类永动机"。

由闭口系统能量方程，还可以证明理想气体的熵是状态参数。证明如下：

$$ds = \frac{dq}{T}$$

1 kg 理想气体在可逆过程中的能量平衡为 $q = du + dw$，因为 $du = c_V dT$；$dw = pdv$，所以 $dq = c_V dT + pdv$。

又

$$pv = RT$$

则

$$ds = \frac{dq}{T} = \frac{c_V dT + pdv}{T} = \frac{c_V dT}{T} + \frac{Rdv}{v}$$

当理想气体由状态 1 (p_1, v_1, T_1, s_1)，经历可逆过程变化到状态 2 (p_2, v_2, T_2, s_2) 时，积分上式得

$$\Delta s_{1-2} = s_1 - s_2 = \int_{T_1}^{T_2} c_V \frac{dT}{T} + R\ln\frac{v_2}{v_1}$$

其中，第二项只与初、终状态的比体积 v_1，v_2 有关而与过程无关；第一项中 c_V 是温度的函数，故该项积分也仅与初终状态的温度 T_1，T_2 有关而与过程性质无关。

如取 c_V 为比定容热容，则上式更简化为

$$\Delta s = s_1 - s_2 = c_V\ln\frac{T_2}{T_1} + R\ln\frac{v_2}{v_1} \tag{1-17}$$

既然参数 s 从状态 1 到状态 2 的变化，只与初态 1 和终态 2 有关，而与中间所经历的过程无关，这就说明 s 是状态参数。

在所讨论的封闭系统的能量平衡方程中，如果系统经历的是比体积不变的定容过程，由式（1-11）得 $dw = pdv = 0$；由式（1-16a）得 $dq = du + dw = du$，即工质在定容过程中的加热或放热量，全部变为工质热力学能的增加或减少。

同时根据比定容热容的定义

$$dq = c_V dT$$

故

$$dq = c_V dT = du$$

即证明了对于理想气体，比热力学能 u 仅是温度的单值函数。

1.3.4 闭口系统稳定流动能量方程式与焓

实际上，许多热机工作时，工质通常都不是永远被封闭在热机中，而是连续地（汽轮机、燃气轮机）或周期地（发动机、蒸汽机）将已做功的工质排出，并重新吸入新工质，工质的热力循环要在整个动力装置内完成。对于有工质流入流出的热力设备，作为开口系统分析研究比较方便。

工质在开口系统中的流动，又可分为稳定流动和不稳定流动。对工程上

常见的各种热力设备来说，在正常运行（稳定工况）时，工质的连续流动情况将不随时间变化，表现为流动工质在各个截面上的状态和对热量和功量的交换都不随时间变动，并且同时期内流过任何截面上的工质流量均保持相同。此工况就叫稳定流动。严格地讲，工质出入发动机的气缸并不是连续的，而是重复着循环变化，每一循环周期出入气缸的工质数量相同，也可以按稳定流动的情况分析。

如图 1-5 所示，1 kg 工质在开口系统中作稳定流动，设系统在过程中从外界吸取热量 q，并对外输出可被利用的机械功 w_{sh}，（技术功）。由图可知：1 kg 工质流进界面 I - I 所携带进去的能量为动能 $\dfrac{c_1^2}{2}$（c_1 为流速）；位能 gZ_1（Z_1 为高度）；比热力学能 u_1；流动功 $p_1 v_1$。系统从外界吸入的热量为 q。

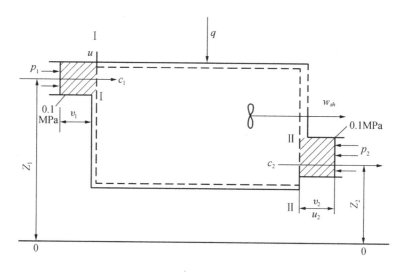

图 1-5　开口系统工质流过进、出口时的情况

1 kg 工质流出界面 II - II 所携带的能量为 $\dfrac{c_2^2}{2}$，gZ_2，u_2，$p_2 v_2$，对外输出的功 w_{sh}。

根据能量转换与守恒定律，输入能量等于输出能量，即

$$q + gZ_1 + \frac{c_1^2}{2} + u_1 + p_1 v_1 = w_{sh} + gZ_2 + \frac{c_1^2}{2} + u_2 + p_2 v_2$$

经整理后得

$$q = (u_2 + p_2 v_2) - (u_1 + p_1 v_1) + \frac{1}{2}(c_2^2 - c_1^2) + q(Z_2 - Z_1) + w_{sh}$$

$$(1-18)$$

或 $$q = \Delta u + \Delta(pv) + \frac{1}{2}(\Delta c)^2 + g\Delta Z + w_{sh}$$

式（1-18）就是开口系统稳定流动能量方程，它广泛应用于汽轮机、燃气轮机、喷管、锅炉、泵、压缩机以及节流装置等热力设备的热工计算中。

由于单位流动工质除了自身比热力学能 u 之外，总随带推进功 pv 一起转移，热力学中令两者之和为比焓 h（J/kg），即

$$h = u + pv \qquad (1-19a)$$

m kg 工质的焓用 H（J）表示，即

$$H = U + pV \qquad (1-19b)$$

既然 p，v，u 都是工质的状态参数，因此，由 p，v，u 所决定的比焓 h 也是工质的状态参数。比焓被称为复合状态参数。将式（1-19a）代入式（1-18），得

$$q = h_2 - h_1 + (c_2^2 - c_1^2) + g(Z_2 - Z_1) + w_{sh}$$

$$= \Delta h + \frac{1}{2}\Delta c^2 + g\Delta Z + w_{sh}$$

由于热力设备的进出口标高相差很小，$g\Delta Z$ 可忽略不计；工质流速在 50 m/s 以下时，$\frac{1}{2}\Delta c^2 < 1.25$ kJ/kg，也可忽略不计，则得简化后的开口系统能量方程式为

$$q = \Delta h + w_{sh} \qquad (1-20)$$

1.4 理想气体的热力过程

工程热力学中，把热机的工作循环概括为工质的热力循环，把整个热力循环分成几个典型的热力过程，并对热力过程进行分析，确定过程中气体状态参数的变化规律，揭示出热力过程能量转换的特性。在这个基础上，总结出整个热力循环的热功转换规律。

分析过程的方法是首先研究理想气体的可逆过程，导出过程方程式，利用过程方程和理想气体状态方程，求出过程的初、终态参数的变化关系，按热力学第一定律研究热力过程中气体吸收或放出的热量、热力学能的变化，以及对外所做的功；然后将这种可逆过程的分析结果，换算成实际气体的不可逆过程，并引进各种有关的经验修正系数。

本节先讨论理想气体的基本热力过程，然后讨论理想气体的一般过程，即多变过程。为了分析计算方便，假定工质是 1 kg 理想气体，其比热容视为定值，即不随温度而变化。

1.4.1 定容过程

图 1-6 所示为定容加热过程，其中活塞不动。

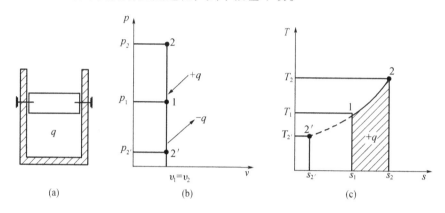

图 1-6 定容加热过程 $p-v$ 图和 $T-s$ 图
(a) 定容加热过程；(b) $p-v$ 图；(c) $T-s$ 图

1.4.1.1 定容过程方程式

定容过程中，工质的容积不变，即比体积 v 保持不变，其过程方程式为
$$v = 常数$$
气体由状态 1 变化到状态 2 的过程曲线 1-2 （或 1-2′），在 $p-v$ 图上是一条垂直于 v 轴的铅垂线，在 $T-s$ 图上是一条对数曲线。

1.4.1.2 气体状态参数的变化

根据气体状态方程 $pv = RT$，气体由状态 1 变化到状态 2 时，初、终状态参数之间的关系为

$$v_1 = v_2 \quad \frac{p_2}{p_1} = \frac{T_1}{T_2} \tag{1-21}$$

即在定容过程中，气体的绝对压力与温度成正比。

1.4.1.3 能量变化

定容过程的膨胀功 $w = \int_{v_1}^{v_2} p\mathrm{d}v$ ，因为 $\mathrm{d}v = 0$ ，所以 $w = 0$ 。

根据比热容的定义 $c_V = \dfrac{\mathrm{d}q}{\mathrm{d}T}$，可得 $q = \displaystyle\int_{T_1}^{T_2} c_V \mathrm{d}T$，若假定 c_V 为定值，故定容过程中工质吸入（或放出）的热量为

$$q = \int_{T_1}^{T_2} c_V \mathrm{d}T = c_V(T_2 - T_1) \tag{1-22}$$

根据式［1-16（a）］，可求得定容过程中比热力学能的变量为

$$q = \Delta u = u_2 - u_1 = c_V(T_2 - T_1) \tag{1-23}$$

即定容过程中工质吸入（或放出）热量，全部转变为工质比热力学能的增加（或减少）。

1.4.1.4 熵的变化

根据熵的定义式 $\mathrm{d}s = \dfrac{\mathrm{d}q}{T}$，又 c_V 为定值，故熵的变量 Δs 为

$$\Delta s = \int_1^2 \frac{\mathrm{d}q}{T} = \int_1^2 \frac{c_V \mathrm{d}T}{T} = c_V \ln \frac{T_2}{T_1}$$

在图 1-6（c）的 $T-s$ 图上，过程 1-2 或 1-2′为一条对数曲线。

1.4.2 定压过程

图 1-7（a）所示为定压加热过程，活塞上的载重量 mg 保持不变。

1.4.2.1 定压过程方程式

在定压过程中，压力 p 保持不变，其过程方程为

$$p = 常数$$

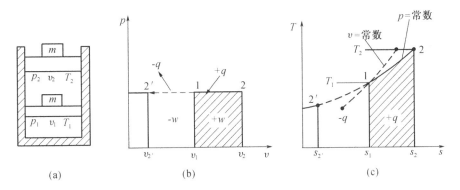

图 1-7　定压加热过程 $p-v$ 图和 $T-s$ 图

（a）定压加热；（b）$p-v$ 图；（c）$T-s$ 图

过程方程曲线为一条平行于 v 轴的水平线［图 1-7（b）］。

1.4.2.2　气体状态参数的变化

根据状态方程 $pv = RT$，定压过程初、终态参数关系为

$$p_1 = p_2 \qquad \frac{v_2}{v_1} = \frac{T_2}{T_1} \qquad\qquad (1-24)$$

即在定压过程中，气体的比体积与温度成正比。

1.4.2.3　能量变化

定压过程中气体做的膨胀功为

$$w = \int_{v_1}^{v_2} p\mathrm{d}v = p(v_2 - v_1) \qquad\qquad (1-25)$$

在图 1-7（b）的 $p-v$ 图上，1-2 直线下的面积即为气体所做的膨胀功。同理，直线 1-2' 下面积为压缩功。

根据比热容的定义 $c_p = \dfrac{\mathrm{d}q}{\mathrm{d}T}$ 及 $c_p =$ 常数，可求得定压过程中的热量为

$$q = \int_{T_1}^{T_2} c_p \mathrm{d}T = c_p(T_2 - T_1) \qquad\qquad (1-26)$$

1.4.2.4　熵的变化

根据熵的定义式 $\mathrm{d}s = \dfrac{\mathrm{d}q}{\mathrm{d}T}$ 及 $c_p =$ 常数，则熵的变量 Δs 为

$$\Delta s = \int_1^2 \frac{\mathrm{d}q}{T} = \int_1^2 \frac{c_p \mathrm{d}T}{T} = c_p \ln \frac{T_2}{T_1}$$

因为 $c_p > c_V$，故在图 1-7（c）的 $T-s$ 图上，定压过程曲线与定容过程曲线相比较，它是一条较为平坦的对数曲线。

1.4.3　定温过程

在定温过程中，温度保持不变，即 $T =$ 常数。在 $p-v$ 图上，定温过程为一等边双曲线，如图 1-8（a）中曲线 1-2 或 1-2' 所示。

1.4.3.1　定温过程方程式

按照状态方程，可得定温过程方程为

$$pv = 常数$$

1.4.3.2　气体状态参数的变化

在定温过程中，气体初、终状态参数的关系为

$$T_1 = T_2 \qquad \frac{p_1}{p_2} = \frac{v_2}{v_1} \qquad\qquad (1-27)$$

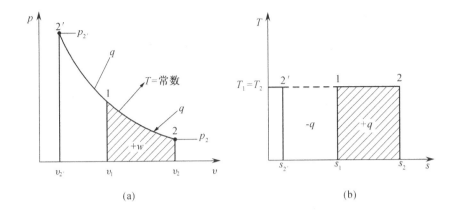

图 1-8 定温过程 $p-v$ 图和 $T-s$ 图

（a）$p-v$ 图；（b）$T-s$ 图

即在定温过程中，气体的绝对压力与比体积互成反比。

1.4.3.3 能量变化

定温过程中气体所做的膨胀功为

$$w = \int_1^2 p\mathrm{d}v = \int_1^2 \frac{RT}{v}\mathrm{d}v = RT\ln\frac{v_2}{v_1} = RT\ln\frac{p_1}{p_2} \qquad (1-28)$$

定温过程中，因为 $\Delta u = c_V\ (T_2 - T_1) = 0$；$\Delta h = c_p\ (T_2 - T_1) = 0$，所以比热力学能和比焓 h 不变。定温过程中的热量，根据能量平衡方程可得

$$q = \Delta u + w = w = \int_1^2 p\mathrm{d}v = \int_1^2 \frac{RT}{v}\mathrm{d}v = RT\ln\frac{v_2}{v_1} = RT\ln\frac{p_1}{p_2}$$

$$(1-29)$$

可见，在定温过程中，外界加给工质的热量全部转变为工质对外所做的膨胀功；反之，外界对工质所做的压缩功，全部转换为热量放给外界。

1.4.3.4 熵的变化

根据熵的定义式 $\mathrm{d}s = \dfrac{\mathrm{d}q}{T}$ 及 $T =$ 常数，则定温过程中气体比熵的变化为

$$\Delta s = \int_1^2 \frac{\mathrm{d}q}{T} = \frac{1}{T}\int_1^2 \mathrm{d}q = \frac{1}{T}RT\ln\frac{v_2}{v_1} = R\ln\frac{v_1}{v_2} = R\ln\frac{p_1}{p_2}$$

在 $T-s$ 图上，定温过程为一条水平线，图 1-8（b）中曲线 1-2 下的面积，表示了定温过程中气体所接受的热量。

1.4.4 绝热过程

在绝热过程中的每一时刻，工质与外界均不发生热交换，即 $dq = 0$。

1.4.4.1 绝热过程方程式

根据热力学第一定律解析式和理想气体的性质，可以导出绝热过程方程为

$$dq = du + dw = c_V dT + pdv = 0$$

对理想气体状态方程取全微分，则

$$pdv + vdp = RdT$$

把这个结果代入上式，整理后得

$$(c_V + R)pdv + c_V vdp = 0$$

因为 $c_V + R = c_p$，故 $vdp + \dfrac{c_p}{c_V}pdv = 0$。理想气体 $k = \gamma = c_p/c_V$，对于上式积分，得

$$pv^k = 常数 或 p_1 v_1^k = p_2 v_2^k$$

$$\ln(pv^k) = 常数 \qquad\qquad (1-30)$$

式（1-30）即为绝热过程方程式。k 为等熵指数，其数值随气体的种类和温度而变。当 c_p，c_V 取为常数时，k 也是定值。对于空气和燃气，$k = 1.4$。

绝热过程曲线在 $p-v$ 图上是一条较定温线斜率大的不等边双曲线（高次双曲线），如图 1-9（a）所示。

1.4.4.2 气体状态参数的变化

由绝热过程方程式和理想气体状态方程，可以得到绝热过程中，气体初、终状态参数的关系式如下

$$\frac{p_1}{p_2} = \left(\frac{v_2}{v_1}\right)^k \qquad\qquad (1-31a)$$

$$\frac{T_1}{T_2} = \left(\frac{v_2}{v_1}\right)^{k-1} \qquad\qquad (1-31b)$$

$$\frac{T_1}{T_2} = \left(\frac{p_1}{p_2}\right)^{\frac{k-1}{k}} \qquad\qquad (1-31c)$$

1.4.4.3 能量的变化

绝热过程中，气体对外功量交换，对于闭口系统，根据过程方程（1-

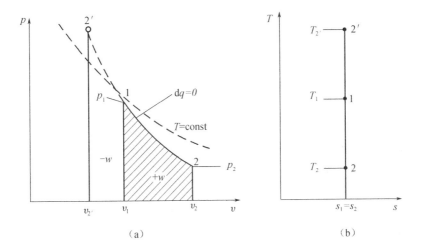

图 1 - 9 绝热过程 $p - v$ 图和 $T - s$ 图

(a) $p - v$ 图；(b) $T - s$ 图

30)，则 $p = \dfrac{p_1 v_1^k}{v^k}$，代入式（1 - 11），得

$$w = \int_{v_1}^{v_2} p \mathrm{d}v = p_1 v_1^k \int_{v_1}^{v_2} v^{-k} \mathrm{d}v = p_1 v_1^k \left[\frac{v^{1-k}}{1-k} \right]_{v_1}^{v_2}$$

$$= p_1 v_1^k \left(\frac{v_2^{1-k} - v_1^{1-k}}{1-k} \right) = \frac{1}{1-k} (p_2 v_2^k v_2^{1-k} - p_1 v_1^k v_1^{1-k})$$

$$= \frac{1}{1-k} (p_2 v_2 - p_1 v_1) \qquad (1 - 32a)$$

由于 $pv = RT$，功量公式（1 - 32）还可写成

$$w = \frac{R}{k-1} (T_1 - T_2) \qquad (1 - 32b)$$

$$w = \frac{1}{k-1} (p_1 v_1 - p_2 v_2) \qquad (1 - 32c)$$

在 $p - v$ 图上，绝热过程的膨胀功可用曲线 1 - 2 下面的面积表示。

绝热过程中气体比热力学能的变化为 $\Delta u = c_V \Delta T$。绝热过程中工质与外界没有热交换（$\mathrm{d}q = 0$）。

1.4.4.4 熵的变化

绝热过程比熵的变化量为 $\mathrm{d}s = \dfrac{\mathrm{d}q}{T} = 0$，即绝热过程是比熵不变的过程，也称为定熵过程。因此在图 1 - 9（b）的 $T - s$ 图上绝热过程线是一条平行

T 轴的垂直线。

1.4.5 多变过程

实际热机中，工质所进行的各种热力过程通常可表示为

$$pv^n = p_1 v_1^n = 常数 \qquad (1-33)$$

式中：n——多变指数。

在某一多变过程中，n 为一定值，但不同多变过程的 n 值各不相同。前述的四种基本热力过程都是多变过程的特例。例如，当 $n = 0$ 时，$pv^0 = p =$ 常数，为定压过程；当 $n = 1$ 时，$pv =$ 常数，为定温过程；当 $n = k$ 时，$pv^k =$ 常数，为绝热过程；当 $n = \infty$ 时，$pv^\infty =$ 常数，$v_1 = v_2$ 为定容过程。当 n 等于 0，1，k，∞ 以外的某一数值时，它表示了上述四种基本过程之外的热力过程。n 的数值可以根据实际过程的具体条件来确定。

将式（1-30）中的 k 换成 n，即变成式（1-33）。因此，上面讨论的绝热过程初、终状态之间的关系式，以及计算对外功量交换的关系式，都将直接适用于多变过程。表 1-3 列出经替换指数后的有关公式。

表 1-3 理想气体的各种热力过程

过程	过程方程	初始状态参数关系	功量交换 $w/(\mathrm{J/kg})$	热交换 $q/(\mathrm{J/kg})$	多变指数 n	比热容 $c/$ $[\mathrm{J/(kg \cdot K)}]$
定容	$v =$ 常数	$v_1 = v_2$ $T_2/T_1 = p_2/p_1$	0	$c_v(T_2 - T_1)$	$\pm\infty$	c_v
定压	$p =$ 常数	$p_1 = p_2$ $T_2/T_1 = v_2/v_1$	$p(v_2 - v_1)$ $R(T_2 - T_1)$	$c_P(T_2 - T_1)$ $h_2 - h_1$	0	c_P
定温	$pv =$ 常数	$T_1 = T_2$ $p_1 v_1 = p_2 v_2$	$RT\ln(v_2/v_1)$ $RT\ln(p_1/p_2)$ $p_1 v_1 \ln(v_2/v_1)$	W	1	∞
绝热	$pv^k =$ 常数	$p_2/p_1 = (v_1/v_2)^k$ $T_2/T_1 = (v_1/v_2)^{k-1}$ $T_2/T_1 = (p_2/p_1)^{(k-1)/k}$	$1/(k-1)(p_1 v_1 - p_2 v_2)$ 或 $R/(k-1)(T_1 - T_2)$	0	K	0
多变	$pv^n =$ 常数	$p_2/p_1 = (v_1/v_2)^n$ $T_2/T_1 = (v_1/v_2)^{n-1}$ $T_2/T_1 = (p_2/p_1)^{(n-1)/n}$	$1/(n=1)(p_1 v_1 - p_2 v_2)$ 或 $R/(n-1)(T_1 - T_2)$	$(n-k)/$ $(n-1) \cdot$ $c_v(T_2 - T_1)$	n	$(n-k)/$ $(n-1)c_v$

多变过程对外热交换与绝热过程有所不同。根据式（1-16），$q = \Delta u + w$，既然多变过程的外功为

$$w = \frac{R}{n-1}(T_1 - T_2)$$

同时　　　　　　　　　　$\Delta u = c_V(T_2 - T_1)$

则　　　　　　　　$q = \left(c_V - \frac{R}{n-1}\right)(T_2 - T_1)$　　　　　　（1-34）

如果 c_n 用来表示多变过程定比热容，则

$$q = c_n(T_2 - T_1) = \left(c_V - \frac{R}{n-1}\right)(T_2 - T_1)$$

故　　　　　　　　　　$c_n = c_V - \frac{R}{n-1}$　　　　　　　　（1-35a）

由式（1-35a），$c_p - c_v = R$ 和 $c_p/c_v = k$，可得

$$c_n = c_V - c_V\frac{k-1}{n-1} = c_V\frac{n-k}{n-1}$$　　　　　　（1-35b）

上式说明多变过程比热容 c_n 的数值不仅取决于气体本身（c_V、k 值），还与过程性质（n）有关。

图 1-10 将四种基本热力过程曲线画在同一个 $p-v$ 图和 $T-s$ 图上的情况。由图可见，多变过程曲线在图上都依照指数 n 的大小，按顺时针方向排列。如果初态相同，压力降低或容积增加也相同，则过程指数 n 愈小，所能获得的膨胀功就愈大；同时，随着 n 从 ∞ 降到 k，气体对外传出的热量也将减小到零。然后，随着 n 的继续减小而需要从外界吸取愈来愈多的热量。

从 $p-v$ 图上还可以看出，以定容线为分界线，右边的各过程线膨胀功为正，即 $w > 0$；左边的各过程线 $w < 0$。从 $T-s$ 图上可以看出，以定温线为分界线，上方的各过程线内能增加，即 $\Delta u > 0$；下方的各过程线 $\Delta u < 0$。从 $T-s$ 图上还可以看出，以绝热线为分界线，右边各过程线热量为正，即 $q > 0$，外界对系统加热；左边的各过程线 $q < 0$，系统对外界放热。

研究气体的多变过程有实际意义。例如气体在压气机中的压缩过程，就是 $n = 1 \sim k$ 之间的某一多变过程。过程指数愈小，所需消耗的外功也愈小。为了节省压气功量，就应该设法加强气缸壁的冷却。

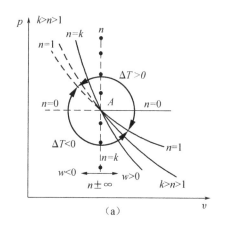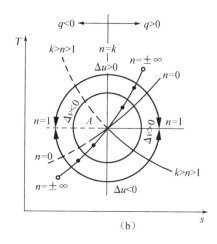

图 1-10 气体的多变过程曲线

(a) $p-v$ 图；(b) $T-s$ 图

1.5　热力学第二定律

热力学第一定律确定了热功转换之间的数量关系。热力学第二定律则指明了实现热功转换的条件、限度，以及自发过程进行的方向性。

1.5.1　热力循环与热效率

1.5.1.1　热力循环

通过工质的热力状态变化过程，可以把热能转化为机械能而做功。但仅仅依靠任何一个过程，都不可能连续不断地做功。为了连续不断地将热转换为功，必须在工质膨胀做功以后，经过某种压缩过程，使它回复到初始状态，以便重新膨胀做功。这种使工质经过一系列变化，又回到初始状态的全部过程，称为热力循环（简称循环）。

热力循环可分为正向循环和逆向循环。把热能转变为机械功的循环叫正向循环（或热机循环）；依靠消耗机械功而将热量从低温热源传向高温热源的循环，叫逆向循环（或热泵循环）。

如图 1-11 所示，设 1 kg 工质进行一个可逆的正向循环。在 $p-v$ 图上可看出，膨胀过程线 1-a-2 曲线，高于压缩过程 2-b-1 曲线，即过程 1-a-2 所做的膨胀功，大于过程 2-b-1 所消耗的压缩功，整个循环中工

质作出的净功 $\oint dw$ 为正。用 w_0 表示净功的绝对值，在 $p-v$ 图上封闭曲线 1 $-a-2-b-1$ 所包围的面积，即表示 w_0 的数值。在 $T-s$ 图上可看出，工质的吸热过程曲线 $1-a-2$，高于工质的放热过程曲线 $2-b-1$，即过程 $1 -a-2$ 中工质的吸热量 $\int_{1a2} dq$ 大于过程 $2-b-1$ 中工质放出的热量 $\int_{2b1} dq$ ，整个循环中工质从高温热源中接受的净热量 $\oint dq$ 为正。用 q_1 表示循环中工质从高温热源中接受热量的绝对值，用 q_2 表示工质向低温热源放出热量的绝对值，则循环中工质接受的净热量为 q_1-q_2 ，它可用 $T-s$ 图上曲线 $1-a -2-b-1$ 所包围的面积表示。按热力学第一定律，循环中工质所接受的净功为

$$\oint dq = \oint du + \oint dw$$

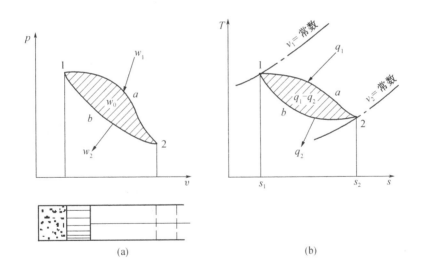

(a)   (b)

图 1-11　正向循环

（a） $p-v$ 图；（b） $T-s$ 图

因为 $\oint du = 0$ ，所以循环净功等于循环净热量，即

$$q_1 - q_2 = w_0$$

说明热力循环中，工质从高温热源所接受的热量 q_1 ，只有一部分变成循环净功 w_0 ，而另一部分热量 q_2 放出给低温热源。

1.5.1.2 热效率

为了评价热力循环在能源利用方面的经济性，通常采用热力循环的净功 w_0 与工质从高温热源接受的热量 q_1 的比值作为指标，称为循环热效率，用 η_t 表示，即

$$\eta_t = \frac{\omega_0}{q_1} = \frac{q_1 - q_2}{q_1} = 1 - \frac{q_2}{q_1} \tag{1 - 36}$$

热效率是衡量热机性能的重要指标之一，它说明工质从高温热源吸收的热量，有多少转换为功。从式（1 - 36）可以看出，q_2 愈小，则 η_t 愈大，但因 $q_2 \neq 0$，所以 η_t 总小于 1。

1.5.2　热力学第二定律

热力学第二定律有许多种表达方式，其实质都完全一致，即都是说明实现某些具体热功转换过程的必要条件。以下两种说法具有普遍意义。

开尔文 - 普朗克说法：不可能建造一种循环工作的机器，其作用只是从单一热源取热并全部转变为功。根据长期制造热机的经验总结出：不可能只利用一个高温热源，连续地从它取得热量而全部转变为机械功。为了连续地获得机械功，至少必须有两个热源，高温热源和低温热源。从高温热源取得热量，把其中一部分转变为机械功，把另一部分热量传给低温热源。

从单一热源（如以海洋、大气或大地作为单一热源）不断吸取热量而将它全部转变为机械功的热机，称为第二类永动机。因此，又可以表述为第二类永动机是不可能制成的。

克劳修斯说法：不可能使热量从低温物体传向高温物体而不引起其他变化。根据长期制造制冷机的经验得出：不管利用什么机器，都不可能不付代价地实现把热量从低温物体转移到高温物体，即低温热源向高温热源传热，不可能自发地进行。

1.5.3　卡诺循环与卡诺定理

根据热力学第二定律的论述，热机循环的热效率不可能达到 100%。为了确定给定条件下热机循环效率可能达到的限度，卡诺在 1924 年提出了理想热机工作方案，即著名的卡诺循环。

1.5.3.1 卡诺循环

如图 1 - 12 所示，卡诺循环是由两个定温过程和两个绝热过程交错组成的可逆循环。其中 ab 为在温度较高的恒温热源温度 T_1 下定温膨胀，吸热

q_1；bc 为绝热膨胀；cd 为在温度较低的恒温冷源温度 T_2 下定温压缩，放热 q_2；da 为绝热压缩。卡诺循环的热效率为

$$\eta_{tk} = 1 - \frac{q_2}{q_1} = 1 - \frac{T_2(s_b - s_a)}{T_1(s_b - s_a)} = 1 - \frac{T_2}{T_1} \qquad (1-37)$$

由式（1-37）可知

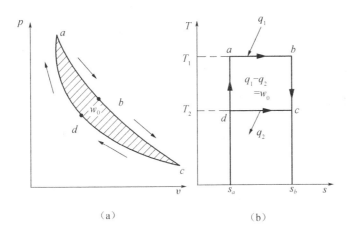

（a）   （b）

图 1-12　正向卡诺循环

（a）$p-v$ 图；（b）$T-s$ 图

（1）卡诺循环的热效率仅决定于高温热源和低温热源的温度。提高 T_1 及降低 T_2，可以提高卡诺循环的热效率。

（2）由于 T_1 不可能为无限大，T_2 不可能为零，所以卡诺循环的热效率不可能达到 1。

（3）当 $T_1 = T_2$ 时，卡诺循环的热效率为零，即不可能由单一热源循环做功。

（4）无论采用什么工质和什么循环，也无论将不可逆损失减小到何种程度，在一定的温度范围 T_1 到 T_2 之间，不能期望制造出热效率超过 $\left(1 - \dfrac{T_2}{T_1}\right)$ 的热机，最高热效率也只能接近 $\left(1 - \dfrac{T_2}{T_1}\right)$。

1.5.3.2　卡诺定理

卡诺定理的内容：工作在两个恒温热源（T_1 和 T_2）之间的循环，不管采用什么工质，如果是可逆的，其热效率为 $\left(1 - \dfrac{T_2}{T_1}\right)$；如果是不可逆的，其

热效率恒小于 $\left(1 - \dfrac{T_2}{T_1}\right)$，即以卡诺循环的热效率为最高。

卡诺定理告诉我们，两个给定热源之间的所有循环中，卡诺循环的热效率为最高。一切实际的循环都是不可逆循环，因此，实际循环的热效率必小于相同热源条件下的卡诺循环的热效率。所以，提高热效率的途径是尽量减少过程的不可逆性，使实际循环尽量接近卡诺循环。卡诺定理还指出了两个给定热源之间，所有的卡诺循环的热效率均相等，与工质的性质无关，因此影响热效率的基本因素仅仅是热源的温度。提高热效率的基本途径是提高高温热源的温度 T_1 和降低低温热源的温度 T_2。

1.5.4 孤立系统的熵增原理

热力学第二定律是有关熵的规律，熵是判断热力过程进行方向的参数。对于一个与外界既无质量交换，又无物质交换的孤立系统来说，系统的热力过程总是朝着系统的熵有所增加的方向进行，不可能出现使系统熵的总量减少的情况，在理想的可逆过程中可以使系统熵的总量保持不变，即

$$\mathrm{d}s_{系统} \geqslant 0 \qquad\qquad (1-38)$$

这就是孤立系统的熵增原理："孤立系统的熵可以增大，或者保持不变，但不可能减少。"熵增原理可用来判断要想实现某个过程的实际可行性。例如热量自高温物体传到低温物体，机械能变为热能等，可以证明这些过程其孤立系统的熵都是增加的，因此可以自发地进行。

熵增原理也是热力学第二定律的一种表述。$\mathrm{d}s_{系统} \geqslant 0$ 则可作为热力学第二定律的数学表达式。

复习思考题

1. 何谓工质？何谓工质的热力状态及状态参数？
2. 何谓工质的比体积、热力学能、功、热量和比热容？
3. 什么是理想气体？理想气体状态方程式有几种表达形式？
4. 什么是热力系统、边界、外界？什么是热力过程和平衡态，在 $p-v$ 图上如何表达？
5. 功、热量、热力学能有什么相同之处，有什么不同之处？
6. 热力学第一定律的基本内容是什么？封闭系统和开口系统稳定流动能量方程式有什么异同点？
7. 何谓比焓和比熵？为什么说它们是状态参数？
8. 能量方程 $\mathrm{d}q = \mathrm{d}u + p\mathrm{d}v$ 与比焓的微分式 $\mathrm{d}h = \mathrm{d}u + \mathrm{d}(pv)$ 很相像，

为什么热量 q 不是状态参数,而比焓是状态参数?

9. 指出 $p-v$ 图及 $T-s$ 图的物理意义。

10. 熟悉定容、定压、定温、绝热四种特殊热力过程参数间的关系及计算。熟悉四种特殊过程在多变过程的 $p-v$ 图和 $T-s$ 图上的位置及其物理意义。

11. 何谓热力循环、热效率?

12. 热力学第二定律的几种表述及其意义。

13. 何谓卡诺循环和卡诺定理?

14. 为什么说卡诺循环热效率最高?

15. 孤立系统的熵增原理及其意义是什么?

2 发动机循环与性能指标

发动机工作性能包括动力性、经济性、排放性、可靠性、耐久性、使用维修性、结构工艺性及运转性等。其主要性能是动力性、经济性和排放性。

发动机性能的好坏，常用性能指标来衡量。

发动机的实际循环是基于理想循环的基础上，但与理想循环比较，其全部假设的理想条件已被诸多实际因素所替代。在实际循环中，存在着不可避免的损失，不可能达到理想循环的效率和平均压力值。

研究实际循环与理想循环的差异和引起各种损失的原因，目的是不断改善实际循环，缩小与理想循环的差距，促进发动机的改进与发展。

2.1 发动机的理想循环

发动机的工作过程十分复杂，为了便于研究，在工程热力学中通常将发动机实际工作循环加以抽象和简化，概括为由几个基本热力过程所组成的理想循环。研究这些理想循环，可以指明提高发动机动力性、经济性的方向。

2.1.1 发动机实际工作循环的简化与评价

2.1.1.1 发动机实际循环的简化

通常按以下条件简化：

（1）假设工质所在的系统为闭口系统，不考虑进、排气过程，并忽略气流阻力的影响。

（2）假设压缩与膨胀过程是绝热过程，忽略气缸壁传热、摩擦及漏气等热损失。

（3）假设以等容过程、等压过程等向工质加热代替燃烧过程；工质的放热过程则视为等容过程。

（4）假设工质为理想气体，其比热视为定值。

（5）忽略实际过程中各种损失，并假设循环的每一过程为可逆过程。

2.1.1.2 理想循环评定指标

循环的热效率 η_t

$$\eta_t = \frac{W}{Q_1} = 1 - \frac{Q_2}{Q_1}$$

式中：W——工质的循环净功，J；

      Q_1——工质的循环中吸收的热量，J；

      Q_2——工质的循环中放出的热量，J。

热效率 η_t 可以用来评定循环的经济性。

循环的平均压力 p_t

$$p_t = \frac{W}{V_S}$$

式中：V_S——气缸工作容积，m^3。

提示：热效率可用来评定循环的经济性，循环平均压力表示单位气缸工作容积所做的循环功，用来评定循环的动力性。

2.1.2 发动机的理想循环

2.1.2.1 混合加热循环（萨巴德循环）

混合加热循环由五个可逆过程组成。如图 2-1 所示；1~2 为绝热压缩过程；2~3 为定容加热过程，吸热量为 Q_{1v}；3~4 为定压加热过程，吸热量为 Q_{1p}；4~5 为绝热膨胀过程；5~1 为定容放热过程，放热量为 Q_2，循环净功为 W。

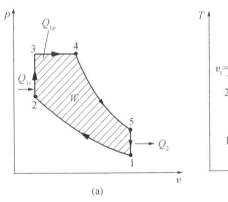
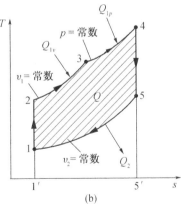

图 2-1　混合加热循环

(a) $p-v$ 图；(b) $T-s$ 图

（1）混合加热循环热效率 循环特性参数如下。

①压缩比 $\varepsilon = \dfrac{V_1}{V_2}$。

②压力升高比 $\lambda = \dfrac{p_3}{p_2}$。

③预涨比 $\rho = \dfrac{V_4}{V_3}$，表示绝热膨胀过程前气体膨胀程度。

根据定义
$$\eta_t = \frac{W}{Q_1} = 1 - \frac{Q_2}{Q_1}$$

因为
$$Q_1 = Q_{1V} + Q_{1p}$$
$$Q_{1V} = mc_V(T_3 - T_2)$$
$$Q_{1p} = mc_p(T_4 - T_3)$$

式中：Q_{1v}——沿定容过程线 2~3 加入的热量；

$\quad\quad Q_{1p}$——沿定压过程线 3~4 加入的热量；

$\quad\quad c_V,\ c_p$——工质的比定容热容、比定压热容。

循环中放出的热量 Q_2 是在定容过程 5~1 中进行。
$$Q_2 = mc_V(T_5 - T_1)$$

令 $k = \dfrac{c_p}{c_V}$（等熵指数），将各个温度都以压缩点 T_1 的温度来表示，则

$$T_2 = T_1\varepsilon^{k-1} \qquad T_3 = T_1\lambda\varepsilon^{k-1}$$
$$T_4 = T_1\lambda\rho\varepsilon^{k-1} \qquad T_5 = T_1\lambda\rho^k$$

将以上各式代入（1-36）得

$$\eta_t = 1 - \frac{1}{\varepsilon^{k-1}} \frac{\lambda\rho^k - 1}{(\lambda - 1) + k\lambda(\rho - 1)} \qquad (2-1)$$

由式（2-1）可见，混合加热循环热效率 η_t 与压缩比 ε，压力升高比 λ，预胀比 ρ 以及工质的定熵指数 k 有关。

（2）循环的平均压力 p_t

根据定义式
$$p_t = \frac{W}{V_S} = \frac{Q_1\eta_t}{V_S}$$

因为
$$Q_1 = Q_{1V} + Q_{1p} = mc_V\big[\,T_3 - T_2 + k(T_4 - T_3)\,\big]$$
$$= mc_V T_2\big[\,\lambda - 1 + k\lambda(\rho - 1)\,\big]$$
$$= mc_V T_1\varepsilon^{k-1}\big[\,\lambda - 1 + k\lambda(\rho - 1)\,\big]$$

$$V_S = V_1 - V_2 = V_1\frac{\varepsilon - 1}{\varepsilon}$$

所以
$$p_t = \frac{\varepsilon^k}{\varepsilon - 1}\frac{p_1}{k - 1}\big[\,(\lambda - 1) + k\lambda(\rho - 1)\,\big]\eta_t \qquad (2-2)$$

由式（2-2）可见，混合加热循环平均压力 p_t 随压缩始点压力 p_1，压缩比 ε，压力升高比 λ，预胀比 ρ 和等熵指数 k 的增大而增大。

2.1.2.2 定容加热循环

定容加热循环是将燃烧过程假想为在容积不变的情况下对工质加热的循环。如图 2-2 所示，它可以看做是混合加热循环。在 $\rho = 1$ 时的特例。图中 1~2 为绝热压缩过程；2~3 为定容加热过程；3~4 为绝热膨胀过程；4~1 为定容放热过程。

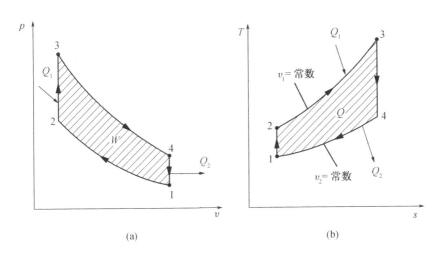

图 2-2　定容加热循环

（a）$p-v$ 图；（b）$T-s$ 图

（1）定容加热循环热效率 η

由式 2-1，当 $\rho = 1$ 时，得

$$\eta_t = 1 - \frac{1}{\varepsilon^{k-1}} \qquad (2-3)$$

可见，定容加热循环的热效率 η_t 与压缩比 ε 和工质的等熵指数 k 有关。

（2）定容加热循环平均压力 p

由式（2-2），当 $\rho = 1$ 时，得

$$p_t = \frac{\varepsilon^k}{\varepsilon - 1} \cdot \frac{p_1}{k-1}(\lambda - 1)\eta_t \qquad (2-4)$$

可见，定容加热循环的平均压力 p_t 与压缩比 ε，压力升高比 λ，进气终点（压缩始点）压力 p_1 及等熵指数 k 有关。

2.1.2.3　定压加热循环（狄赛尔循环）

定压加热循环是将燃烧过程假想为在压力一定的条件下对工质加热的循环。如图2-3所示，它可以看成是混合加热循环在$\lambda = 1$时的特例。图中1~2为绝热压缩过程；2~3为定压加热过程；3~4为绝热膨胀过程；4~1为定容放热过程。

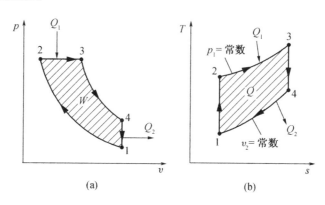

图2-3　定压加热循环

（a）$p-v$图；（b）$T-s$图

（1）定压加热循环的热效率

根据式（2-1），当$\lambda = 1$时，得

$$\eta_t = 1 - \frac{1}{\varepsilon^{k-1}} \frac{\rho^k - 1}{k(\rho - 1)} \qquad (2-5)$$

可见，定压加热循环热效率η_t与压缩比ε，预胀比ρ和等熵指数k有关。

（2）定压加热循环平均压力

由式（2-2），当$\lambda_p = 1$时，得

$$p_t = \frac{\varepsilon^k}{\varepsilon - 1} \cdot \frac{p_1}{k - 1} \cdot k(\rho - 1)\eta_t \qquad (2-6)$$

可见，定压加热循环平均压力p_t与压缩比ε，预胀比ρ，定熵指数k，进气终点压力p_1有关。

2.1.3　理想循环的影响因素分析

2.1.3.1　压缩比ε

由三个循环的η_t式可见，随ε的增大，η_t都提高。提高ε可提高循环的平均吸热温度，降低循环平均放热温度，扩大循环温差，增大膨胀比。如

图 2 - 4 所示，假设两循环最高温度相同，则 ε 高的循环 $1 - 2' - 3' - 4' - 1$ 比 ε 低的循环 $1 - 2 - 3 - 4 - 1$，具有较大的平均吸热温度和较低的平均放热温度，所以前者 η_t 较高。

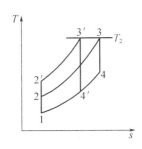

图 2 - 4 最高温度相同时，
ε 的影响

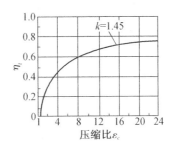

图 2 - 5 定容加热循环热效率
η_t 与压缩比 ε 的关系

图 2 - 5 表示定容加热循环热效率 η_t 随压缩比 ε 而变化的情况。由图可见，ε 较低时，随 ε 的提高，η_t 增长很快，但在 ε 较大时，再提高 ε 则效果就很小了。

2.1.3.2 λ 值的影响

对定容加热循环来说，λ 值与加热量成正比关系。当 Q_1 增加时，λ 增大。由式（2 - 3）和式（2 - 4）可见，当 ε 不变，则 η_t 不变，而 p_t 增大。

这是因为 Q_1 是在定容条件下加入的，视比热容为定值，则所加入的每一部分热量都使工质温度同样升高，并且得到每一部分热量的工质都具有同样的膨胀比。所以 η_t 不变，而 p_t 则增大。

2.1.3.3 ρ 值的影响

在混合加热循环中，当 ε，k，Q_1 保持不变时，ρ 值增大，意味着定压加热部分 Q_{1p} 值增大，则定容加热部分 Q_{1v} 将相应减少。从混合加热循环公式（2 - 1）可知，η_t 将降低。这是因为 ρ 值的增大，意味着定压加热 Q_{1p} 值增大，而 Q_{1p} 是在工质膨胀比不断下降的过程中加入的，其做功的机会相应减少，因而热效率 η_t 降低。随着 η_t 的降低，在 Q_1 不变的情况下，循环功 W 将减少，因而循环的平均压力 p_t 也将下降。

在定压加热循环中，当 ε，k 保持不变时，ρ 值与 Q_1 值有顺变关系。当 Q_1 增加时，ρ 值增大。由定压加热循环 η_t 式和 p_t 式可知，η_t 将降低，p_t 有所增加。

2.1.3.4 k 值的影响

等熵指数 k 对热效率 η_t 的影响如图 2 - 9 所示，随着 k 值增大，η_t 将提高。k 值取决于工质的性质，不同工质有不同的 k 值。一般取空气 $k = 1.4$。当燃料与空气的混合气加浓时，即混合气中燃料蒸气较多，k 值将降低，因而 η_t 也将降低。反之当混合气变稀时，k 值将增大，η_t 将提高。

理想循环中比热容视为定值，则 k 也为定值，不随温度变化。实际循环中则受变比热容的影响。

2.2 四冲程发动机的实际循环与热损失

在发动机的实际工作中，燃料燃烧的热能，通过工质的膨胀转化为机械功，这种连续不断地把热能转变为机械功的循环，称为发动机的实际循环。

四冲程发动机的实际循环是由进气、压缩、燃烧、膨胀、排气 5 个过程组成。通常用气缸内的气体压力 p 随比体积 v（或曲轴转角 θ）而变化的图形，来表示工质在气缸中的实际工作情况，如图 2-6 所示。

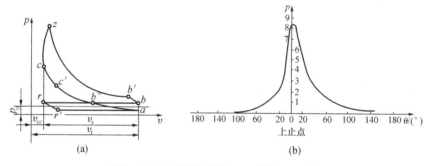

图 2-6 四冲程发动机 $p-v$ 图和 $p-\theta$ 图

(a) $p-v$ 图；(b) $p-\theta$ 图

2.2.1 发动机的实际循环过程

2.2.1.1 进气过程

进气过程是指充量进入气缸的过程 [图 2-6 (a) 中 $r-r'-a$ 线]。在进气过程中：进气门开启、排气门关闭，活塞由上止点向下止点移动。

由于上一循环的残余废气，排气终了时气缸内压力 p_r 高于大气压力 p_o，随着活塞下行，首先是残余废气膨胀，压力由 p_r 下降到低于大气压力的 $p_{r'}$。在压力差的作用下，新鲜气体被吸入气缸，直到活塞达下止点后，进气门关闭为止。由于进气系统有阻力，进气终了的压力 p_a，仍低于大气压力 p_o。进气终了气体因受到高温零件和残余废气的加热，其温度 T_a 总是高于大气温度 T_o。

2.2.1.2 压缩过程

活塞在气缸内压缩工质的过程，即为压缩过程〔图 2-6（a）的 $ac'c$ 线〕。压缩过程中，进、排气门均关闭，活塞从下止点向上止点移动，缸内工质受压后温度和压力不断上升。压缩过程的目的是增大工作过程的温差，使工质获得最大限度的膨胀比，提高循环热效率，为着火燃烧创造有利条件。

工质被压缩的程度用压缩比 ε 表示。

$$\varepsilon = \frac{V_t}{V_{cc}} = 1 + \frac{V_s}{V_{cc}}$$

式中：V_t——气缸最大容积；

V_{cc}——燃烧室总容积（气缸余隙容积）；

V_s——气缸工作容积。

发动机的实际压缩过程，是一个复杂的多变过程。压缩开始，新鲜工质温度较低，受缸壁加热，多变指数 n 大于定熵指数 k；随着工质温度升高，到某一瞬时与缸壁温度相等，多变指数 n 等于定熵指数 k（热交换为零）；此后，随着工质温度升高而高于气缸壁，向缸壁散热，多变指数 n 小于定熵指数 k。

2.2.1.3 燃烧过程

在上止点前通过外源点火或自燃，混合气着火燃烧（图 2-7 中 $c'-z$ 线）。燃烧过程放出的热量越多，放热时越靠近上止点，则热效率越高。

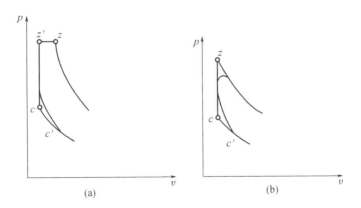

图 2-7 发动机实际循环的燃烧过程

（a）柴油机；（b）汽油机

在汽油机中，当活塞压缩到上止点前［图 2 – 7（b）中 c' 点］，由电火花点燃混合气，火焰迅速传遍整个燃烧室，使工质的压力及温度急剧上升，其压力在极短的时间内达到最高值，从而接近定容加热。

在柴油机中，同样应在上止点前开始喷油和燃烧。燃烧开始时，燃烧速度很快，而气缸容积变化很小，工质温度、压力剧增，接近定容加热［图 2 – 7（a）中 $c' - z'$ 段］。随后是边喷油边燃烧，燃烧速度慢，且随着活塞下移，气缸容积增大，气缸压力升高不大，而温度继续升高，接近等压加热［图 2 – 7（a）中 $z' - z$ 段］。在实际燃烧过程中，不仅有散热损失，燃烧不完全损失，而且由于燃烧不是瞬时完成的，需要一定时间，因此还存在非瞬时燃烧损失。

2.2.1.4　膨胀过程

膨胀过程是燃烧后的高温、高压气体在气缸内膨胀，推动活塞由上止点向下止点移动而做功的过程。图 2 – 6 中 $z - b$ 线为膨胀曲线。随着气缸容积增大，气体的压力、温度迅速下降。

在膨胀过程中，与压缩过程中情况相似，并非绝热过程，不仅有散热损失、漏气损失，还有补燃和高温热分解。因此，实际膨胀过程也是多变指数变化的多变过程。在膨胀开始时，由于存在继续燃烧现象，工质被加热，多变指数 n 小于 k；到某一瞬时，工质的加热量与工质向缸壁的放热量相等，多变指数 n 等于 k；随后工质向缸壁散热，则多变指数 n 大于 k。

为简便起见，通常在计算中，用一个不变的平均多变指数来代替变化的多变指数。压缩过程的平均多变指数为 n_1，膨胀过程的平均多变指数为 n_2。

2.2.1.5　排气过程

在膨胀过程末期，活塞接近下止点［图 2 – 6（a）的 b］时排气门开启，废气高速排出。当活塞由下止点向上止点移动时，缸内废气继续排出，直到排气门关闭，排气过程结束。图 2 – 6（a）中 $b' - b - r$ 线示出排气过程。

排气终了的温度常作为检查发动机工作状态的技术指标。如发动机工作过程不良，热功转换效率低，则排气终了温度偏高。

各过程的状态参数变化见表 2 – 1。

2.2.2　对理想循环的修正

由于诸多因素的影响，发动机不可能以理想循环工作。因此，实际循环也就不可能达到理想循环那么好的性能指标，但可根据影响因素的具体情况，对理想循环进行修正。

表 2-1 四冲程发动机实际循环各阶段参数变化

机 型	参 数	状 态				
		进气终了	压缩终了	燃烧终了	做功终了	排气终了
柴油机	压力/kPa	$0.85 \sim 0.95 p_0$	$3\ 000 \sim 5\ 500$	$4\ 500 \sim 9\ 000$	$200 \sim 500$	$1.05 \sim 1.2 p_0$
	温度/K	$300 \sim 340$	$970 \sim 1\ 170$	$1\ 800 \sim 2\ 200$	$1\ 000 \sim 1\ 200$	$700 \sim 900$
	多变指数	$1.38 \sim 1.40$			$1.15 \sim 1.28$	
汽油机	压力/kPa	$0.80 \sim 0.90 p_0$	$1\ 500 \sim 2\ 500$	$3\ 000 \sim 6\ 500$	$300 \sim 600$	$1.05 \sim 1.2 p_0$
	温度/K	$340 \sim 380$	$670 \sim 870$	$2\ 200 \sim 2\ 800$	$1\ 200 \sim 1\ 500$	$900 \sim 1\ 100$
	多变指数	$1.32 \sim 1.38$			$1.23 \sim 1.28$	

2.2.2.1 工质的影响引起的损失 w_k

实际循环中，工质的成分及数量都是变化的，比热容也随温度上升而增大，并非定值。燃料燃烧，工质发生物理化学变化，而且存在漏气损失。因此，实际循环指示热效率 η_{it} 和指示功率 P_i 要比理想循环小，其损失功为 w_k，如图 2-8 所示。

2.2.2.2 换气损失 $(w_r + w)$

实际循环必须更换工质，由此而消耗的功称为换气损失功，如图 2-8 中 w_r 所示。其中因工质流动需要克服进、排气系统阻力所消耗的功，称为泵气损失功，如图 $r-a-b'-r$ 曲线所包围的面积。因排气门在下止点前提前开启而产生的损失，即图 2-8 中面积 w。

2.2.2.3 传热、流动损失 w_b

实际循环由于工质与气缸壁、燃烧室等存在着热交换，因此压缩过程与膨胀过程都不是绝热的，所产生的损失称为传热损失，如图 2-8 中面积 w_b 所示。

2.2.2.4 燃烧损失

燃料燃烧需要一定时间，有时燃烧还延续到膨胀行程，由此产生了非瞬时燃烧损失和补燃损失，如图 2-8 中面积 w_z 所示。同时，由于燃烧不完全

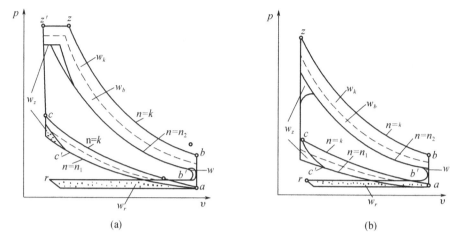

图 2 - 8　发动机实际循环与理想循环差别

（a）柴油机；（b）汽油机

w_k – 实际工质影响引起损失功；w_z – 非瞬时燃烧和补燃损失功；

w_r – 换气损失功；w_b – 传热、流动损失功；w – 提前排气损失功

和高温分解，还可以引起损失，都会使实际循环的最高压力和最高温度下降，膨胀功减少。

2.3　发动机的热平衡

供给发动机的燃料完全燃烧后，其热能只有 20% ~ 45%，转变为有效功，而其余的热量将随着废气、冷却介质等从发动机中排出。发动机的热平衡，就是表示燃料燃烧发出的总热量在有效功和各种损失之间的分配情况。

2.3.1　发动机燃料燃烧发出的热量 Q_1

若发动机每小时耗油量为 B（kg/h），则燃料完全燃烧，每小时所放出的热量 Q_1（kJ/h）为

$$Q_1 = BH_u$$

式中：H_u——燃料低热值，kJ/kg。

2.3.2　转化为有效功的热量 Q_e

因为　　　　　　　　　$1 \text{ kW} \cdot \text{h} = 3.6 \times 10^3 \text{kJ}$

所以　　　　　　　　　Q_e（kJ/h）$= 3.6 \times 10^3 P_e$

显然，Q_e 值越大，转变为有效功的热量越多，发动机的热效率越高。

2.3.3 传给冷却介质的热量 Q_s

传给冷却介质的热量，主要有工质向气缸壁及燃烧室散出的热量；废气在排气管道内散失的热量；摩擦发热所散失的热量；从润滑油散失的热量等。

2.3.4 废气带走的热量 Q_r

废气排出时，温度仍然很高，会带走相当大一部分未曾被利用的热量。

2.3.5 其他热量损失 Q_L

从 Q_1 中除去上述三项热量损失外，都属其他热量损失，如燃料的不完全燃烧和未计入的热量损失等。

发动机的热平衡可用热平衡方程式表示，即

$$Q_1 = Q_e + Q_s + Q_r + Q_L \qquad (2-7)$$

为使不同发动机热平衡的各相应组成部分之间可以相应比较，并估计各部分的相对值，热平衡方程常以燃料的总热量的百分比表示，即

$$q_e + q_s + q_r + q_1 = 100\% \qquad (2-8)$$

例如

$$q_e = \frac{Q_e}{Q_1} \times 100\%$$

发动机的热平衡可用热平衡图表示，如图 2-9 所示，热平衡中各部分热量所占百分数见表 2-2。

表 2-2 发动机的热平衡

热平衡议程式各项组成比例/%	汽油机	柴油机
转变为有效功的热量（q_e）/%	25～30	30～40
废气带走的热量（q_r）/%	35～45	30～40
冷却介质带走的热量（q_s）/%	25～30	20～25
其他热量损失（q_L）/%	2～10	2～10

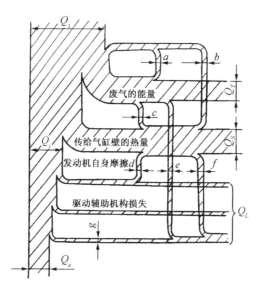

图 2 −9　发动机热平衡图

a. 从残余废气和排气中回收的热量；*b*. 气缸壁传给进气的热量；

c. 排出的废气传给冷却液的热量；*d*. 摩擦热传给冷却液的部分；*e*. 排气系统辐射的热量；

f. 从冷却系统和水套壁辐射的热量；*g*. 从曲轴箱和其他不冷却部分辐射的热量

2.4　发动机性能指标

　　发动机性能指标有两种：一种是以工质在气缸内对活塞做功为基础的性能指标，称为指示指标，只能评定发动机实际工作循环进行的质量好坏；另一种是以发动机曲轴输出功率为基础的性能指标，称为有效指标，能够评定发动机整机性能的好坏。

2.4.1　平均压力 p_m

　　发动机一个循环所做的功，与工作容积有关，因此，以平均压力 p_m 来衡量，更能反映工作过程的好坏。

2.4.1.1　平均指示压力 p_{mi}

　　平均指示压力 p_{mi} 是指气缸单位工作容积的每一工作循环中所做的指示功。即

$$p_{mi} = \frac{W_i}{V_s} \qquad\qquad (2-9)$$

用活塞单位面积上所受的假想不变的压力表示。显然，平均指示压力 p_{mi} 越

大，表示发动机工作循环进行得越好，气缸工作容积利用程度越高。

2.4.1.2 平均有效压力 p_{me}

平均有效压力 p_{me} 是指单位气缸工作容积所输出的有效功，即

$$p_{me} = \frac{W_e}{V_s} \tag{2-10}$$

式中：W_e——输入轴输出的有效功。

由于不同机型的发动机所带的附件不同，因此，必须根据发动机测试的国家标准，按规定安装所要求的附件（表 2-3），通过输出轴测得有效功。

表 2-3　各国标准规定的大气状态及实验所带附件

国别	标准代号	标准大气状况			试验时所带附件						
		大气压力 ρ_0/kPa	大气温度 $t_0/°C$	相对湿度 $\varphi/\%$	空气滤清器	消声器	发电机	风扇	散热器	水泵	空压机
中国	GB	101.3	20①	60	无	无	有	无	无	有	无
美国	SAE	99.52	29.4	—	无	无	有	无	无	无	无
德国	DIN	101.3	20	—	有	有	有	有	无	有	无
英国	DS	99.86	29.4	—	A	A	有	B	无	有	无
日本	JIS	101.3	15	—	有	无	有	有	无	有	无
俄罗斯	ГОСТ	101.3	27	—	无	无	有	无	无	无	无
国际标准化组织	ISO	101.3	27	60	有	有	无	有	无	有	无

2.4.1.3 平均机械损失压力 p_{mr}

平均机械损失压力 p_{mr} 是指单位气缸工作容积的机械损失功。而指示功与有效功之差，即为机械损失功。

$$W_r = W_i - W_e \tag{2-11}$$

$$p_{mr} = \frac{W_r}{V_s} \tag{2-12}$$

$$p_{mr} = p_i - p_e \tag{2-13}$$

2.4.2　功率 P

功率也分为指示功率和有效功率，常用的是有效功率。

2.4.2.1 指示功率 P_i

发动机在单位时间内所做的全部指示功，称为发动机的指示功率。

$$P_i = \frac{iW_i n}{2 \times 60} = \frac{ip_{mi}V_s n}{120} \qquad (2-14)$$

式中：i——发动机气缸数；

n——发动机转速，r/min。

如果用 τ 表示发动机的冲程数（二冲程 $\tau = 2$，四冲程 $\tau = 4$），气缸工作容积 V_s 以升为单位，式（2-14）可表示为

$$P_i = \frac{ip_{mi}V_s n}{30\tau} \times 10^{-3} \qquad (2-15)$$

2.4.2.2 有效功率 P_e

有效功率 P_e 是指发动机曲轴输出的功率。可由发动机台架试验测得的数据计算出来。

$$P_e = \frac{p_{me}V_s in}{30\tau} \times 10^{-3} \qquad (2-16)$$

2.4.2.3 机械损失功率 P_m

发动机的指示功率在内部传递过程中，不可避免存在损失。从活塞到曲轴输出端的传递过程中所损失的功率，称为机械损失功率。发动机的机械损失功率 p_m 为发动机的指示功率 P_i 与有效功率 P_e 之差，即

$$P_m = P_i - P_e \qquad (2-17)$$

2.4.3 有效转矩 T_{tq}

有效转矩是指发动机曲轴输出的平均转矩，用 T_{tq} 表示。它与有效功率 P_e 和转速 n 之间有下列关系：

$$P_e = T_{tq}\frac{2n\pi}{60} \times 10^{-3} = \frac{T_{tq} n}{9\,550} \qquad (2-18)$$

$$T_{tq} = 9\,550\frac{P_e}{n} \qquad (2-19)$$

2.4.4 升功率 P_L 和质量功率比 G_e

升功率是折合到每升气缸工作总容积的有效功率。

$$P_L = \frac{P_e}{iV_s} \qquad (2-20)$$

质量功率比（又称比质量）是指发动机净质量与标定功率的比值。

$$G_e = \frac{G}{P_{eb}}$$

式中：G——发动机净质量，kg；

　　　P_{eb}——发动机标定功率，kW。

升功率和质量功率比都是重要的性能指标，是从发动机有效功率的角度，衡量气缸工作容积和发动机质量利用的有效程度，以及结构紧凑性。由于汽车发动机要求质量小、功率大，因此希望发动机的升功率大，质量功率比小。

2.4.5 油　耗

油耗是发动机经济性评价指标，分为燃油消耗率（比油耗）和燃油消耗量。

2.4.5.1 指示燃油消耗率 b_i

单位指示功所消耗的燃油量，称为指示燃油消耗率，用 b_i 表示，单位为 g/（kW·h）。

$$b_i = \frac{1\,000B}{P_i} \qquad\qquad (2-21)$$

式中：B——每小时消耗的燃油量，kg/h。

2.4.5.2 有效燃油消耗率 b

每小时单位有效功率消耗的燃油量，简称油耗率，单位为 g/（kW·h）。

$$b = \frac{1\,000B}{P_e} \qquad\qquad (2-22)$$

有效燃油消耗率是评定发动机经济性的重要指标 b 越小，表示发动机经济性越好。

2.4.6 热效率

热效率分为指示热效率和有效热效率。

2.4.6.1 指示热效率 η_{it}

指示热效率是发动机实际循环的指示功与所消耗燃料的热量之比，即

$$\eta_{it} = \frac{W_i}{Q_1} \qquad\qquad (2-23)$$

式中：Q_1——得到指示功 W_i 所消耗的热量，kJ。

2.4.6.2 有效热效率 η_{et}

有效热效率 η_{et} 是指燃料中所含的热能转变为有效功的份额。

$$\eta_{et} = \frac{W_e}{Q_1} = \frac{W_i \eta_m}{Q_1} = \eta_i \eta_m \qquad (2-24)$$

式中：η_m——机械效率。

有效热效率 η_{et} 是表示燃油发出的热量转变为有效功的程度，也是评定发动机经济性的指标。

有效燃油消耗率 b 也可用下式表示：

$$b = \frac{k_3}{\eta_i \eta_m} = \frac{k_3}{\eta_{et}} \qquad (2-25)$$

式中：k_3——比例常数。

2.5 机械效率

2.5.1 机械效率

机械效率是曲轴输出的有效功率与指示功率的比值，用 η_m 表示。由式（2-26）可得

$$\eta_m = \frac{P_e}{P_i} = 1 - \frac{P_m}{P_i} = 1 - \frac{p_{me}}{p_{mi}} \qquad (2-26)$$

η_m 值可用来比较不同发动机的机械损失大小。η_m 值高，说明机械损失小，发动机的性能越好。所以，为了提高发动机性能，应尽量减少机械损失，提高机械效率。

2.5.2 机械损失及其测定

发动机的机械损失主要有活塞环与气缸壁、轴承与轴、传动机构等运动零件之间的摩擦损失；驱动配气机构、点火装置、喷油泵、风扇和冷却泵等驱动附件损失，以及泵气损失等。各部分损失占机械损失的比例见表 2-4。

表 2-4 各种损失占机械损失的比例　　　　　　　　　　　　　　%

分　类	占总机械损失	占指示功率
摩擦损失	60~75	8~20
驱动附件损失	10~20	1~5
泵气损失	10~20	1~5

机械损失功率是通过对实际发动机台架试验测定。

2.5.2.1 单缸熄火法

此法仅适用于多缸发动机。试验时，先将发动机调定在标定工况下稳定运转，然后轮流停止一缸工作，并随即降低负荷，使转速迅速恢复到标定转速，测量其有效功率。由于有一个气缸不工作，单缸熄火后测出的有效功率，要比标定工况下的有效功率小，两者之差即为单缸熄火法的指示功率。于是可求得各缸的指示功率为：

$$P_{ij} = P_e - P_{ej}$$

式中：P_{ij}——第 j 缸熄火后的指示功率（$j = 1, 2, \cdots$）；

      P_{ej}——第 j 缸熄火后测得对应的有效功率。

$$P_i = P_{i1} + P_{i2} + \cdots = iP_e - (P_{e1} + P_{e1} + \cdots)$$

则整机的机械损失功率为

$$P_m = (i - 1)P_e - (P_{e1} + P_{e1} + \cdots)$$

机械效率可按式（2-26）计算。

2.5.2.2 电力测功机拖动法

发动机与电力测功机相连，发动机在标定工况下，或在其他规定工况下稳定运转，待达到热状态稳定后，停止向各缸供给燃料（汽油机待剩余燃料烧尽后，还需切断点火电源），随即用电力测功机以标定转速，或所要求工况的转速拖动发动机，测定电力测功机的拖动功率，此即为发动机的机械损失功率。

机械效率可按式（2-17）和式（2-26）计算。

2.5.2.3 油耗线延长线法

在标定转速或规定转速下做负荷特性试验，绘制燃油消耗量与有效功率的关系曲线 $G_f = f(P)$，近似直线部分延长与横坐标相交，则该点的横坐标即为标定转速或规定转速下的机械损失功率。

机械效率可按式（2-15）和式（2-22）计算。

用单缸熄火法测量机械损失，对于柴油机误差可达 5%，但对于汽油机，因停缸使进气情况改变，往往得不到正确的结果。同样对废气涡轮增压机和单缸机也不能适用。电力测功机拖动法由于发动机不燃烧做功，因此与实际情况有较大的差异，误差也比较大，但是通过此法可以测量各部分损失。油耗线法也称负荷法，只适用于柴油机。

目前，精确地测定机械损失的各部分还比较困难，通常只是近似测量。可根据发动机的用途和结构特点，选用某种测定方法。

2.5.3 影响机械效率的主要因素

2.5.3.1 发动机转速

发动机转速提高后，各摩擦表面间的相对运动速度加大，摩擦损失增加。同时因转速上升，引起运动件惯性力加大，致使活塞侧压力和轴承负荷增加，也增加了机械摩擦损失。此外，转速提高，还会使泵气损失及驱动附件的机械损失增加。所以转速提高后，机械损失功率增加，使机械效率下降。机械损失功率与转速平方近似成正比。因此随转速升高，机械效率下降较快。η_m 与 n 的关系如图 2 - 10 所示。

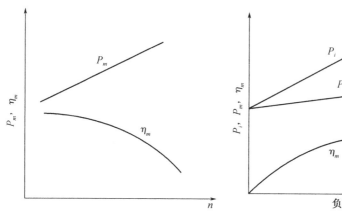

图 2 - 10 P_m，η_m 与 n 的关系　　　图 2 - 11 P_m，P_i，η_m 与负荷的关系

2.5.3.2 发动机负荷

发动机的机械损失主要来自摩擦损失。摩擦损失又取决于机件的相对运动速度与比压。所以当发动机转速一定，负荷减小时，必须根据发动机阻力矩的变化，相应减小汽油机的油门开度和柴油机喷油泵齿条位置，因此，气缸内指示功率将减小，但机械损失功率变化不大，故使机械效率下降。

根据公式 $\eta_m = 1 - \dfrac{P_m}{P_i}$ 可知，怠速时，负荷为零，有效功率 $P_e = 0$，指示功率全部用来克服机械损失功率，即 $P_i = P_m$，故 $\eta_m = 0$。负荷由小变大时，指示功率迅速上升，而机械损失功率上升缓慢，所以机械效率提高，但在大负荷时机械效率上升缓慢，如图 2 - 11 所示。

2.5.3.3 润滑油品质和冷却介质温度

润滑油的品质影响到运动副的摩擦损失。润滑油的黏度对摩擦损失大小有重要影响。黏度大，承载能力强，易于保持润滑状态，但润滑油的流动性差，摩擦损失增加。因此，选用润滑油的原则，是在可靠的润滑前提下，尽量选用黏度小的润滑油，以减少摩擦损失，改善启动性能。

冷却介质的温度影响润滑油的温度，继而影响黏度和机械损失。

冷却介质温度低时，润滑油黏度大，摩擦损失增加，机械效率下降。如果冷却介质温度过高，会使润滑油的黏度变小，油膜不能支持表面上的压力而破裂，失去润滑作用，引起摩擦损失增加，机械效率降低。通常应保持冷却介质温度为 80~90 ℃。

2.5.3.4 发动机技术状况

发动机使用技术状况好坏，对机械效率影响较大。例如：活塞环与气缸壁磨损后，间隙变大，漏气增多，指示功率下降；漏气还会稀释润滑油，使润滑条件变差，摩擦损失增加，机械效率下降。

复习思考题

1. 什么是发动机的实际循环？什么是发动机的理想循环？理想循环简化条件是什么？

2. 画出四冲程发动机实际循环示功图。

3. 什么叫混合加热循环、定容加热循环、定压加热循环？评定循环质和量的指标有哪些？

4. 在加热量与压缩比相同情况下，定容加热循环与等压加热循环哪个循环热效率高？为什么？实际应用的汽油机与柴油机哪个热效率高？为什么？

5. 何谓指示指标？何谓有效指标？

6. 什么是机械效率？它受哪些因素影响？

7. 发动机的机械损失主要包括哪些？为何随着转速的升高，机械效率会下降？

8. 已知一四冲程 6 缸柴油机，单缸排量为 2 L，燃料热值为 44 100 kJ/kg，计算当转速为 1 500 r/min，机械效率为 0.8，有效功率为 88.5 kW，油耗量为 20.3 kg/h 时的指示功率、转矩、平均指示压力、有效压力、油耗率和有效热效率。

3 发动机的换气过程

发动机的排气过程和进气过程的总和，统称为换气过程。换气过程的任务是将缸内的废气排净，吸入尽可能多的新鲜工质。

3.1 四冲程发动机的换气过程

3.1.1 换气过程

发动机运行时，在如此短的换气时间内，要使排气干净，进气充足是比较困难的。为了增加气门开启时间，充分利用气流的流动惯性以及减少换气损失，改善换气过程，提高发动机性能，进、排气门一般都提前开启，迟后关闭，不受活塞行程的限制。整个换气过程超过两个冲程，占曲轴转角410°～490°。

根据气体流动特点和进排气门运动规律，换气过程分为自由排气、强制排气和进气过程三个主要阶段，如图3-1所示。

3.1.1.1 自由排气阶段

从排气门在下止点前开始开启，到气缸内压力接近于排气管压力这个时期，称为自由排气阶段。

如图3-1（a）中b'点所示，气门开启时，气缸内压力较高（大于排气管压力2倍以上），可利用废气自身的压力自行排出。此时，排气流处于超临界状态，流过排气门处的气体流速，等于在该处气体状态下的音速。其流量只决定于气门开启面积，并和气体状态有关，与排气门前后的压差无关。

随着活塞的推移，缸内压力不断下降，当缸内压力与排气管压力之比为1.9以下时，排气流进入亚临界状态，排气量由气缸压力和排气管内的压力差来决定，压力差越大，排出的废气量越大。当到某一时刻，气缸内压力与排气管内压力相等时，自由排气阶段结束，一般在下止点后10°～30°曲轴转角。此阶段虽然历程较短，但废气流速很高，排出的废气量可达60%以上。

3.1.1.2 强制排气阶段

这个阶段是由上行的活塞强制将废气推出。此时流速取决于气缸内外的

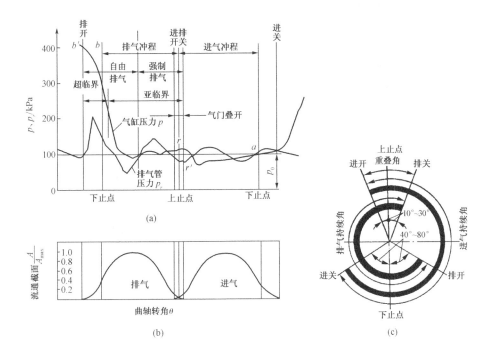

图 3-1 换气过程中气压、排气管压力、进排气门开启断面图

(a) 气缸压力、排气管压力随曲轴转角变化曲线；

(b) 进排气门相对流通截面积随曲轴转角变化曲线；(c) 四冲程发动机配气正时图

压力差。压差越大，气流速度越大，但耗功也越多。

排气门一般在上止点后 10°～35° 曲轴转角才关闭，这主要是因为在上止点附近，废气尚有一定流动能量，可利用气流惯性进一步排气，减少缸内残余废气量，同时还可以减少排气阻力。

3.1.1.3 进气过程

为了使新鲜空气充量更顺利地进入气缸，尽可能保证在活塞下行时有足够大的进气截面积，减小进气阻力，进气门一般在上止点前 0～40° 曲轴转角打开。为了利用高速气流的惯性，进气门通常在下止点后 40°～70° 曲轴转角才关闭，以增加进气量。

3.1.1.4 气门叠开

排气门的迟后关闭和进气门的提前开启，使得在上止点附近一定的曲轴转角范围内，存在着进、排气门同时开启的现象，称为气门叠开。气门叠开角一般为 20°～60° 曲轴转角。适当的气门叠开角，不但可以增加新鲜空气充量，而且可以利用新气帮助清除废气，减少气缸中废气量。叠开角过大可能发生废气倒流入进气管中。

3.1.2 换气损失

换气过程的损失包括排气损失和进气损失，如图3-2所示。

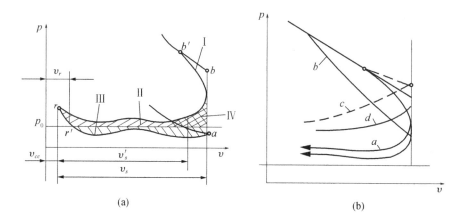

(a)　　　　　　　　　　　　(b)

图3-2　四冲程发动机换气损失

（a）换气损失组成图；（b）不同排气提前角的排气损失图

Ⅰ. 自由排气损失；Ⅱ. 强制排气损失；Ⅲ. 进气损失；Ⅱ+Ⅲ-Ⅳ. 泵气损失

3.1.2.1 排气损失

排气损失是从排气门提前打开，直到进气行程开始，气缸内压力到达大气压力之前，循环功的损失。它可分为：

（1）自由排气损失 ［图3-2（a）中面积Ⅰ］，是由于排气门提前打开而引起的膨胀功的减少。

（2）强制排气损失（图中面积Ⅱ），是活塞上行强制推出废气所消耗的功。

随着排气提前角增大，自由排气损失面积Ⅰ增加，强制排气损失面积Ⅱ减小，如排气提前角减少，则强制排气损失面积增加。所以最有利的排气提前角应使面积（Ⅰ+Ⅱ）之和为最小。

减少排气损失的主要措施：减小排气系统阻力和排气门处的流动损失。

3.1.2.2 进气损失

进气损失主要是指进气过程中，因进气系统的阻力而引起的功的损失。如图中面积Ⅲ所示。它与排气损失相比相对较小。排气损失与进气损失之和，称为换气损失，即图中面积（Ⅰ+Ⅱ+Ⅲ）。在实际循环示功图中，把面积（Ⅱ + Ⅲ - Ⅳ）相当的负功，称为泵气损失。这部分损失放在机械损失中加以考虑。

3.2 充量与充气效率

充量和充气效率是发动机换气过程的主要评定指标。

3.2.1 充 量

充量即充气量，是指在进气过程中，充入气缸的新鲜空气或可燃混合气，常用每循环充量和单位时间充量来表示。

3.2.1.1 每循环充量

每循环充量是指发动机在每一个循环的进气过程中，实际进入气缸的新鲜气体（空气或可燃混合气）的质量，即循环实际充量，用 Δm 表示。

前已分析，由于排气系统存在阻力，当排气门关闭时，气缸内尚有一部分残余废气存在，所占气缸为 v_r、压力为 p_r、温度为 T_r，则其质量为

$$\Delta m_r = \rho_r v_r = \frac{p_r v_r}{RT_r}$$

式中：ρ_r——残余废气密度。

进气终了时，气缸内既有新鲜充量，又有残余废气，所占比体积为 v_a、压力为 p_a、温度为 T_a，则气缸内气体的总质量为

$$\Delta m_a = \Delta m + \Delta m_r = \frac{p_a v_a}{RT_a}$$

则充入气缸的新鲜充量为

$$\Delta m = \Delta m_a - \Delta m_r = \frac{p_a v_a}{RT_a} - \frac{p_r v_r}{RT_r} \qquad (3-1)$$

为了衡量残余废气量的多少，引入残余废气系数的概念。残余废气系数是指每循环残留在气缸内的废气质量 Δm_r 与新鲜充量 Δm 之比，用 φ_r 表示，即

$$\varphi_r = \frac{\Delta m_r}{\Delta m}$$

气缸内气体总质量又可表示为

$$\Delta m_a = \Delta m + \Delta m \varphi_r = \Delta m(1 + \varphi_r)$$

则气缸内新鲜充量可表示为

$$\Delta m = \frac{\Delta m_a}{1 + \varphi_r} = \frac{1}{1 + \varphi_r} \frac{p_a v_a}{R T_a} \tag{3-2}$$

3.2.1.2 单位时间充量

单位时间充量是指每小时进入气缸的新鲜气体的质量，用 Δm_h 表示，

$$\Delta m_h = \Delta m \frac{n}{2} i \times 60 \tag{3-3}$$

式中：n——发动机转速，r/min；

i——气缸数，个。

如果每循环充量 Δm 保持不变，则转速增加，单位时间充量 Δm_h 会直线增加，发动机功率也会不断增加。但是，当转速增加时，每循环充量不可避免地要降低，以至于单位时间充量的增加逐渐缓慢。当转速增到某一数值后，Δm_h 达到最大值（此时进气流速达到音速），充量基本保持不变。

3.2.2 充气效率

发动机每一工作循环进入气缸的实际充量，与进气状态下能充满气缸工作容积的理论充量的比值，称为充气效率，用 η_v 表示，即

$$\eta_v = \frac{\Delta m}{\Delta m_o} \tag{3-4}$$

式中：Δm_o——进气状态充满气缸工作容积的理论充量。

所谓进气状态，是指空气滤清器后进气管内的气体状态。为测量方便，在非增压发动机上，一般都采用当时的大气状态；在增压发动机上，采用增压器出口的状态。

若大气压力及温度分别为 p_o 和 T_o，气缸工作容积为 V_s，则理论充量 Δm_o 为

$$\Delta m_o = \frac{p_o v_s}{R T_o} \tag{3-5}$$

将式（3-1）和式（3-5）代入式（3-4），得

$$\eta_v = \frac{1}{\varepsilon - 1} \frac{T_o}{p_o} \left(\frac{\varepsilon p_a}{p_o} - \frac{p_r}{T_r} \right) \tag{3-6}$$

或将式（3-2）和式（3-5）代入式（3-4），得

$$\eta_v = \xi \frac{\varepsilon}{\varepsilon - 1} \frac{p_a T_o}{T_a p_o} \frac{1}{1 + \varphi_r} \tag{3-7}$$

式中：T_o，p_o——大气温度和压力；

T_a，p_a——进气终了时的气体温度和压力；

T_r，p_r——残余废气的温度和压力；

ε——压缩比；

φ_r——残余废气系数。

$\xi = \dfrac{V_c + V_s'}{V_c + V_s}$，$\varphi_r = \dfrac{V_r}{V_c}$，考虑进、排气门迟闭角影响引入的参数。

由上式可知，充气效率 η_v 与发动机的气缸容积无关。因此，可用来评定不同排量发动机换气过程好坏。η_v 越大，每循环实际充量越多，每循环可燃烧的燃料随之增加，动力性越好。

实际发动机充气效率可用实验的方法测得。一般实验中，用流量计测出发动机每小时实充气量 q_v（m^3/h），而理论充气量由下式算出：

$$q_v = \frac{V_s}{10^3} i \times \frac{n}{2} \times 60 = 0.03 V_s in \qquad (3-8)$$

式中：V_s——气缸工作容积，L；

i——气缸数，个；

n——发动机转速，r/min。

一般发动机 η_v 值：汽油机为 0.7 ~ 0.85；柴油机为 0.75 ~ 0.9。

采用可变配气相位和可变进气系统的发动机，可使 $\eta_v > 1$。

3.3 影响充气效率的因素

充气效率对发动机的功率、扭矩影响很大，因此，分析影响充气效率的因素具有重要意义。影响 η_v 的因素有进气终了压力及温度、大气的压力及温度、残余废气及压缩比等。影响最大的是进气终了压力 p_a。

3.3.1 进气终了压力

由式（3-7）可知，进气终了压力 p_a 提高，充气效率 η_v 增大。而进气终了压力又受进气系统阻力的影响。进气系统的阻力是各段通道所产生的流动阻力的总和，包括空气滤清器、化油器、进气管、进气道及进气门等部分产生的阻力。

3.3.1.1 空气滤清器的阻力

空气滤清器是用来减少进气过程中进入气缸的灰尘，以减少气缸的磨损。由于空气滤清器的结构不同及使用中油污堵塞，会使其阻力增大，造成发动机充气性能大大下降，因此要求空气滤清器的滤清效果要好，而又不增加进气阻力。使用中应经常保养、清除油污、更换滤芯，以达到减少阻力和进气通畅。

3.3.1.2 化油器的阻力

化油器的喉管处是进气阻力较大的地方。喉管的收缩使气体流速增大，产生一定的真空度，以便混合气形成和有利雾化，满足化油器式发动机的工作需要。但由于喉管断面缩小，进气阻力增大，使空气流量减小，进气终了压力降低，特别是在高速、大负荷时，进气终了压力下降更为严重，限制了充量的增加。

为了节约燃油，可适当减小喉管尺寸。在中、低转速下，循环充量减小不多，使气流速度加大，对混合气形成雾化有利。但在高速时，循环充量及单位时间充量会明显下降，影响发动机的最大功率。

在高速发动机上比较广泛地采用双腔或多腔化油器，以提高充气效率和改善混合气在各缸的分配均匀性。

3.3.1.3 进气管道的阻力

进气管道包括进气歧管和通向缸体和缸盖上的气体通道。其阻力的大小主要取决于进气管道的结构和尺寸。进气歧管的断面大则阻力小，可提高进气压力。但断面大，气体流速低，且易使燃料液态颗粒沉积在管壁上，使燃料的蒸发与雾化变差，各缸分配不均匀。因此进气管的断面大小受到一定限制，使进气形成一定阻力。此外，进气管的长度、表面粗糙度、拐弯多、急转弯及流通截面突变等，都会增加进气阻力。因此要求进气管要有合适的长度与断面尺寸，拐弯处应有较大的圆角，管内表面光滑，安装时进排气接口及其衬垫口应对准，以减少进气阻力，提高充气效率。

3.3.1.4 进气门处的阻力

在整个进气系统中，进气门处气流通过断面最小，而且截面变更大，是整个进气系统中产生阻力最大的地方，因此对进气压力的影响也最大。新鲜气体通过进气门，使进气终了压力降低。进气门通道断面的变化又取决于气门直径、锥角、升程和配气相位等多方面因素。

3.3.2 进气终了温度

新鲜气体进入气缸后，同高温机件接触，与残余废气混合，进气终了温度升高，气体密度减小，充气效率降低。此外，汽油机的进、排气管常铸成一体，利用排气管加热进气管，使燃油预热蒸发，也使进气温度升高，减少了循环充量。为了降低进气温度，在柴油机上常将进排气管分置在发动机两侧。

3.3.3 转速与配气相位的影响

进气流动阻力除了与进气系统的结构有关以外，还取决于新鲜气体的流速。气体流动引起的阻力与流速的平方成正比，而气体流速又与发动机转速有关，发动机转速提高，气体流速也成正比例地提高，所以气体流动阻力也与发动机转速的平方成正比，如图 3-3 所示。

随着转速的升高，气体阻力增大，使进气终了压力下降。

配气相位包括进、排气门早开、迟闭。在进、排气门早开、迟闭中，进气迟闭角对进气终了压力影响最大。由于发动机转速变化，气流惯性也发生变化，但进气迟闭角是不变的，因此当转速高时，气流惯性未被利用；转速低时，又会造成气体倒流，从而影响进气压力与发动机正常工作。通过选择适当的配气定时，可获得较高的循环充量和充气效率。图 3-4 给出了在最佳配气定时充气过程中各参数与发动机转速的关系。

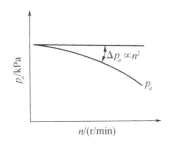

图 3-3 发动机转速对
进气压力的影响

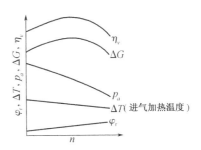

图 3-4 最佳配气正时充气
过程中各参数与转速的关系

3.3.4 负荷的影响

发动机的负荷变化对进气终了压力的影响，随汽油机与柴油机负荷调节方法不同而影响也不同。

在柴油机上，进入气缸的空气量不变，负荷的调节是通过改变油量调节拉杆或齿条的位置，控制喷油量来实现的。由于转速不变，进气系统又无节流装置，因此流动阻力基本不变，所以当负荷变化时，进气终了压力 p_a 也基本不变。

在汽油机上，进入气缸的是空气和燃油的混合气，负荷的调节是通过改变节气门的开度，控制进入气缸的混合气量来实现的。当节气门开度减小时，负荷减小，由于节流损失增加，引起进气终了压力 p_a 下降，如图 3-5

所示。从图中可见，负荷愈小，p_a 随转速增加下降得愈快。

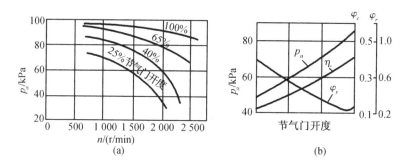

图 3 - 5 负荷对进气压力的影响

（a）节气门开度、转速与进气压力 p_a 的关系；（b）p_a，η_v，φ_r 随负荷的变化关系

3.3.5 压缩比的影响

压缩比增加，余隙容积相对减小，使残余废气量相对下降，所以充气效率提高。

3.3.6 排气终了压力 p_r

由于排气系统有阻力，排气终了时气缸内残余废气压力 p_r 总是要高于大气压力 p_o。排气终了压力 p_r 高，残余废气密度大，残余废气量多，新气充量相对减小，充气效率下降。与进气过程相同，p_r 主要取决于排气系统的阻力，特别是排气门处的阻力，当转速上升时，流动阻力增大而 p_r 增加，使 φ_r 减少。

3.4 提高充气效率的措施

根据以上分析影响充气效率的因素，可以得出以下提高充气效率的主要措施。

3.4.1 减少进气系统的阻力

进气系统阻力的大小为各段通道阻力的总和。通过减各段阻力，可达到减少进气系统阻力的目的。

3.4.1.1 减少进气门处的阻力

（1）增大进气门开启的时面值。气门开启断面与对应的开启时间的乘积称为开启时面值。气门开启时间长，开启断面大，则开启时面值大，气流通畅，阻力小。如图 3 - 6 所示，其门开启的最小断面为气门锥体侧面积。

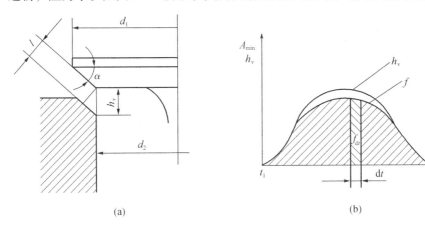

图 3 - 6　气门通道端面与开启时面值
(a) 气门口通道断面；(b) 气门开启时面值

$$A_{min} = \pi l \frac{d_1 + d_2}{2}$$

因为 $l = h_v \cos\alpha$

所以
$$A_{min} = \pi h_v \frac{d_1 + d_2}{2} \cos\alpha \qquad (3 - 9)$$

式中：h_v——气门升程；

　　　α——气门锥角。

根据气门开启时面值定义，得
$$dF = A_{min} dt \qquad (3 - 10)$$

由以上两式可知，气门开启时面值 F，主要取决于气门头部直径 d_1 和 d_2，头部锥角 α，气门升程 h_v 气门开启时间 t 等。

增大进气门头部直径，减小气门头部锥角，增大气门升程，延长气门开启时间，均可扩大气门开启时面值。从而扩大气流通过能力，减少阻力提高充气效率。但增大气门直径受到燃烧室结构的限制，因此常用减小排气门头部直径的方法，相应增大进气门头部直径。

现代发动机单进气门结构中，进气门直径可达活塞直径的 45% ~ 50%，气门和活塞面积比为 0.2 ~ 0.25。

减小气门锥角也受到强度刚度的限制，不宜太小。增大气门升程和延长开启时间，又受惯性力和配气相位改变的限制，涉及问题较多，影响也较复杂。

（2）合理控制进气门处气流的平均速度。

（3）增加进气门的数目。一般采用双进气门和双排气门或三个进气门、二个排气门的结构，提高充气效率。

3.4.1.2 减小进气管道阻力

进气管道结构、尺寸及表面质量对充气效率有较大影响。进气管道应保证足够的气体流通面积和结构上的要求。汽油机还必须考虑燃料的蒸发、气化和分配；柴油机还应利于进气涡流的形成，以改善混合气的品质和燃烧等。

进气管截面形状通常有三种：圆形、矩形和 D 形。在相同截面情况下，圆形断面流动阻力最小，矩形最大，D 形居中。

为了改善发动机低速时动力性和保证高速时进气充分，现代发动机还采用可变长度的进气管。由进气歧管转换电磁阀控制转换辊，在发动机高转速范围，电磁阀工作，使进气通道变短。

3.4.1.3 减小化油器阻力

由于化油器喉管断面小，流动阻力大。为了减小喉管阻力而又不影响燃料雾化，常采用多腔多喉管化油器。

近年来汽油机广泛采用电控燃油喷射系统，取消了化油器。电喷系统既可以减小进气阻力，同时又满足了混合气浓度、雾化和分配均匀等要求。

3.4.2 合理选择配气定时

为了充分利用气流惯性，增加循环充量，提高充气效率，合理选择配气定时是很重要的。

3.4.2.1 配气定时的选择

在配气定时各参数中，影响进气最大的是进气门迟后角，如图 3-7 所示。

发动机的转速不同，气流的惯性不同，最佳的进气门迟闭角也不同。所以最有利的进气迟闭角，应能根据发动机的转速变化而变化。

传统凸轮轴结构的发动机的配气相位，不能随发动机转速变化而变化，一定的配气相位，仅对某一转速是最有利的，充气效率最大。当转速提高后，由于迟闭角不能相应增大，一部分气体便被关在了进气门之外。所以转速提高，进气迟闭角应加大。

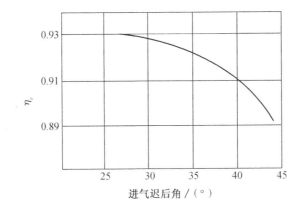

图 3 - 7 进气门迟闭角与 η_v 的关系

($n = 1\ 500$ r/min)

当改变进气迟闭角时，充气效率最大值对应的转速也变化。进气迟闭角增大，η_v 最大值对应的转速增高，加大进气迟闭角有利于最大功率的提高，但是在中低速时性能不好。进气迟闭角减小，低速时 η_v 增加，但最大功率下降。

排气提前角的选择，应当在保证排气损失最小的前提下，尽量晚开排气门，以加大膨胀比，提高热效率。

适当的气门重叠角，可以增加循环充量，提高充气效率，并可降低高温零件的热负荷。配气定时的选择，一般根据经验计算得出后，还要在实际发动机上经反复试验比较，最后才能确定。

3.4.2.2 可变配气定时

就优化发动机工况而言，为使怠速稳定性好，气门重叠角要小。在其他工况，为使充气效率提高，气门重叠角要大。低速时进排气门在接近上止点附近打开和关闭，高速时则进排气门重叠角变大。

3.4.3 减少排气系统阻力

排气系统包括排气门、排气管道和消声器等。排气系统阻力降低，排出的废气量增加，排气终了压力 p_r 下降，不仅可以使残余废气系数减小，充气效率提高，而且还能够减少排气损失。

排气管道也应与进气管道同样注意其结构要求，使用中应注意消除残留积炭等。

3.4.4 减少对进气的加热

新鲜空气充量被吸入气缸的过程中，受到进气管道、气门、气缸壁、活塞等一系列受热零件的加热，造成进气温度升高，气体密度下降，使循环充量减少。特别是汽油机，为了使汽油在进气管中蒸发，以便更好地与空气混合，经常把排气管与进气管布置在发动机的同一侧。但使用中预热一定得适当。有些发动机采用调节预热装置，根据季节温度不同可调节预热程度，在柴油机上采用进排气管分置于发动机两侧。

3.5 进气管的动态效应

由于间歇进、排气，进、排气管存在压力波，在用特定的进气管条件下，可以利用此压力波来提高进气门关闭前的进气压力，增大充气效率，这就称之为动态效应。随着电子汽油喷射的广泛应用，进气系统设计的自由度大大增加，动态效应技术得以迅速发展，大多数汽油喷射发动机都具有调整好的进气系统。与其他增压方式相比，它具有结构简单、惯性小、响应快等优点，更适于频繁变工况的车用。

为分析方便，将动态效应分为惯性效应与波动效应两类。

3.5.1 进气管的惯性效应

在进气行程前半期，由于活塞下行的吸入作用，气缸内产生负压，新鲜工质从进气管流入，同时传出负压波，经气门、气道沿进气管向外传播，传播速度为声速。当负压波传到稳压室等空腔的开口端时，又从开口端向气缸方向反射回正压波，如果进气管的长度适当，从负压波发出到正压波返回进气门所经历的时间，正好与进气门从开启到关闭所需时间配合，即正压波返回进气门时，正值进气门关闭前夕，从而提高了进气门处的进气压力，达到增压效果。图 3-8 给出了进气管惯性效应模型，可见它是以稳压室为波节的压力波，若进气管的长度不适当，进气门关闭时，此处压力不是处于波峰而是在波谷位置，即负压返回时刻，就会降低气缸压力，得到相反的效果。

3.5.2 进气管波动效应

进气门关闭后，进气管的气柱还在继续波动，对各气缸的进气量有影响，这称为波动效应。

进气门关闭时，进气管内流动的空气因急速停止而受到压缩，在进气门

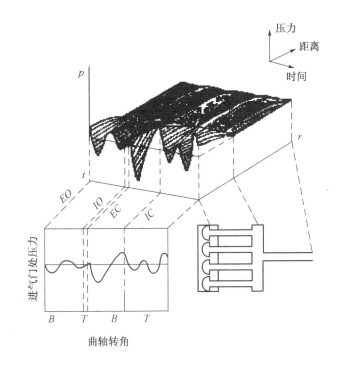

图 3 – 8　惯性效应

EO. 排气门开；*IO.* 进气门开；*EC.* 排气门关；*IC.* 进气门关；*B.* 下止点；*T.* 上止点

处产生正压波，向进气管的开口端（即入口端）传播，图 3 – 9 给出单缸机简化的情况。当正压波传到管端时产生反射波，由于边界条件（开口、管外压力不变）的作用，反射波的性质与入射波的性质相反，即为负压波，该波又向进气门处传播，当它到达进气门处时，若气门尚未打开，则其边界条件为封闭型（速度为 0），那么气门处反射波的性质与入射波的性质相同，即为负压波，此负压波在进气管的管端传播，在开口端再次反射时反射波为正压波，该波又向进气门处传播，这样周而复始，气波在进气管中来回传播，进气门处的压力也时高时低，形成如图 3 – 10 所示的压力波动。如果使正压波与下一循环的进气过程重合，就能使进气终了时压力升高，因而提高充气效率。此时如与负压波重合，则气门关闭时压力便会下降，φ_c 降低。

在多缸机中，这种现象模型化示于图 3 – 11。它是由稳压室至开口端为波节的，故由稳压室容积及开口端进气管的长度、管径决定其谐振转速。

3.5.3　转速与管长

压力波的固有频率，f_1（1/s）为

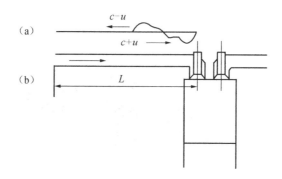

图 3 - 9　波动效应

（a）入射波与反射波的作用；（b）进气管长度

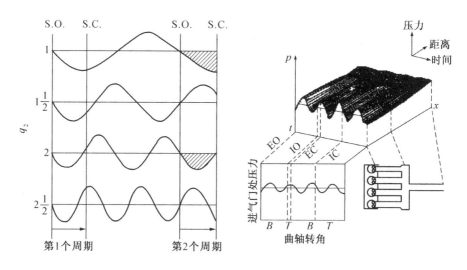

图 3 - 10　进气压力波的次数与谐振　　　图 3 - 11　四缸机波动效应模型

$$f_1 = \frac{c}{4L^*}$$

式中：c——进气管内气体的声速，m/s；

　　　L^*——进气管当量长度，m。

当发动机转速为 n（r/min）时，进气频率 f_2（1/s）为

$$f_2 = \frac{n}{60 \times 2} = \frac{n}{120}$$

f_1 与 f_2 之比为波动次数 q_2，说明进气管内压力波的固有频率与发动机进气频率的配合关系。

对惯性效应，发动机进气周期应与压力波半周期相配，即

$$q_1 = \frac{2f_1}{f_2} = \frac{60c}{nL^*} \qquad (3-11)$$

对波动效应

$$q_2 = \frac{f_1}{f_2} = \frac{30c}{nL^*} \qquad (3-12)$$

由图 3-10 可见，$q_2 = 1\frac{1}{2}$，$2\frac{1}{2}\cdots$时，下一次气门开启期间，正好与正的压力波相重合，使 φ_c 增加，当 $q_2 = 1$，$2\cdots$时，进气频率与压力波固有频率合拍，下一次气门开启期间正好与负的压力波重合，使 φ_c 减小。

q_1 或 q_2 愈小，则需要进气管愈长；q_1 或 q_2 大，则由摩擦引起的压力波衰减大。由式（3-13）和式（3-14）可见，若 q 一定，管长与转速成反比，即高转速所需进气管短，低转速所需进气管长。在进气系统不变的情况下，只能选某一转速范围考虑动态效应，其充气效率增大超过 5%~10% 是不适宜的，因为会在其他某些转速出现性能低谷。

利用进气系动态效应时，除了必须精心选择进气管长度外，还应对管径、管道的截面变化和弯曲方式、稳压室容积、节流位置等作周密考虑。在多缸机上应使各缸进气歧管长度相同并避免各缸气波之间的互相干扰。

压力波在管道中的变化非常复杂，常根据管道中气体一元非定常流动的数值进行计算和优选方案，再通过试验最后确定进气管的结构尺寸。

3.5.4 排气管动态效应

由图 3-1 可见，排气门打开初期，随着废气大量涌入，在排气门处产生大的正压波并向排气管出口端传播，在出口端又返回负压波。由此可见，排气管内也存在压力波，且排气能量大，废气温度高，故与进气相比，排气压力波的振幅大、传播速度快。若能在排气过程后期，特别是气门叠开期，使排气管的气门端形成稳定的负压，便可减少缸内残余废气和泵气损失，并有利于新气进入气缸。然而，因压力波传播速度快，在实用范围内，需要配以长的管路，应考虑排气管与消声器、排放装置的组合及车体的安装空间。

3.6 可变技术

可变技术就是随使用工况（转速、负荷）变化，使发动机某系统结构参数可变的技术。

车用发动机既要满足高功率化的要求，又要保证中、低转速，中、小负荷的经济性和稳定性，希望在很大转速范围内的动力性和经济性都得到改善，避免出现扭矩低谷，提高乘坐舒适性。可变技术为解决此问题而产生，并在高速轿车发动机上广泛应用且类型繁多，主要有可变进气管、可变气门定时、可变气门升程、可变进气涡流等。

3.6.1 可变进气管

由前述已知，对进气管的要求是：在高转速、大功率时，应配装粗短的进气管；而在中、低速，最大扭矩时，应配装细长的进气管。适应于此的可变进气管基本结构如图 3 – 12 所示。

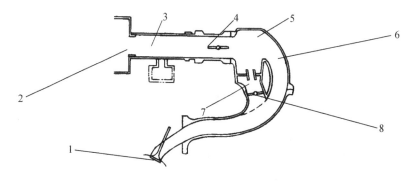

图 3 – 12　可变进气管

1. 进气门；2. 空气滤清器；3. 进气软管；4. 节气门；5. 稳压室；
6. 长进气管；7. 短进气管兼谐振器；8. 转换阀

在稳压室下游设置转换阀 8，由阀 8 的开和关，构成了长短两根进气管。发动机在中、低速区工作时，关闭阀 8，使用长进气管，长管内的反射压力波能满足中、低速惯性效应的要求。高速工作时，打开阀 8，同时使用长短两进气管，短管内反射压力波能满足高速惯性效应的要求。为了利用波动效应，在短管处有一个由管子和容器组成的中、低速用谐振器，在阀 8 关闭的情况下，利用短管反射压力波，增加最大扭矩。

图 3 – 13 给出里卡多公司设计的可变进气管。它由两种长度的冲压管组成，可旋转件 A 在外壳中转动，图 3 – 13（a）为中、低速时，空气由外侧通道经单独的进气管进入——长管；图 3 – 13（b）为高速时，空气由内部通口经双进气管进入——短管。

可变进气管使所有转速的扭矩均增加，平均可增加 8%，最大扭矩可增大 12% ~ 14%。

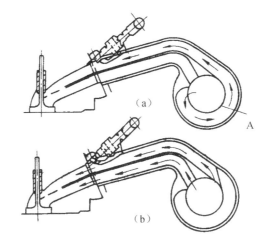

图 3 – 13 双长度、双速可变几何形状进气系统
(a) 中、低转速；(b) 高转速

3.6.2 可变气门定时

四行程发动机对气门定时的要求是：进气迟闭角与排气提前角应随转速的提高而加大，即低转速时，进、排气门应接近下止点关闭和打开；高转速时，进、排气门应远离下止点关闭和打开。怠速时，气门叠开角要小，随着转速上升，气门叠开角应加大。

目前使用两种形式可变气门定时机构。

3.6.2.1 凸轮相位可变

这种机构常装置在双顶置凸轮轴的进气凸轮轴上，如图 3 – 14 所示。在气缸盖上装有油压切换阀，由计算机控制开关，将油供给可变机构。在油压作用下，具有螺纹花键 2 的活塞 3 便做轴向移动，使传动的正时齿形皮带轮与凸轮轴 4 分开并将凸轮轴转动一个角度，从而改变齿形皮带轮与凸轮的相对位置。一般可转动 20° ~ 30° 曲轴转角。

由于这种机构的凸轮型线及进气持续角均不变，虽然高速时可以加大进气迟闭角，但气门叠开角减小，这是它的缺点。

3.6.2.2 进气持续期可变

它是在凸轮轴上装置两组凸轮，为中、低速，大扭矩使用的低升程、短持续期进气凸轮和为高功率使用的高升程、长持续期进气凸轮。图 3 – 15 给出三菱公司开发的可变系统。它是可实现高速、低速和可变排量三种方式动作的机构。高速时，高速摇臂是靠油压控制活塞（T 形连杆内）与 T 形连

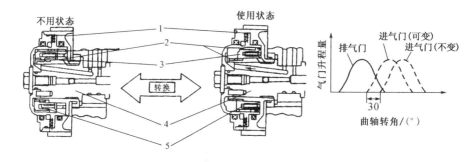

图 3 - 14 可变定时机构
1. 硅油缓冲器；2. 螺纹花键；3. 活塞；4. 凸轮轴；5. 返程弹簧

杆相连接，高速凸轮驱动力借助于 T 形连杆传递到气门。低速时，高速摇臂与 T 形连杆的连接断开，而低速摇臂靠油压控制活塞和 T 形连杆相连接，低速凸轮传力到气门。在低速、小负荷工作时，1，4 两气缸的高速、低速两摇臂均与 T 形连杆断开，气门停止工作，只有 2，3 缸按低速方式运转，切换工况如图 3 - 16 所示。高、低速凸轮切换是在发动机转速为 5 000 r/min 时，在同一节气门开度，两个凸轮输出达到一致点进行切换。两缸运转用于负荷小的市内街道，切换时，通过调整燃料喷射时刻、点火时刻和节气门旁通空气量来缓和输出变动，消除振动。

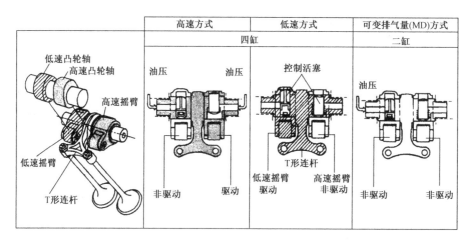

图 3 - 15 进气持续期可变的可变定时机构

这种可变系统可以满足高、低速对配气定时的不同要求，保证高、低速良好的性能，但机构复杂。

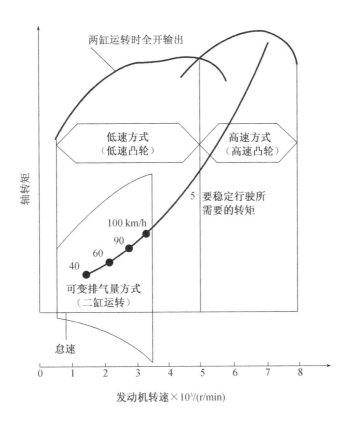

图 3-16 切换工况示意图

复习思考题

1. 何谓换气过程? 包括哪几个阶段?

2. 什么是自由排气和惯性排气? 这两个阶段的长短对发动机性能有何影响?

3. 什么是换气损失? 如何减少换气损失?

4. 何谓充量、循环充量、单位时间充量?

5. 何谓充气效率? 影响充气效率的因素有哪些?

6. 分析配气相位、转速、负荷、压缩比对充气效率是怎样影响的?

7. 提高循环充量和充气效率的措施有哪些?

8. 如何确定最佳排气提前角?

9. 何为进气管的动态效应?

10. 发动机的可变进气技术包括哪些内容?

4 燃料与燃烧热化学

4.1 发动机的常用燃料

燃料是发动机产生动力的来源。发动机的生存与发展，汽油机与柴油机在结构与性能上的差异、对环境的污染等，无不与燃料的种类和品质有着密切的关系。

发动机传统的燃料是汽油和柴油，它们都来源于石油。石油的主要成分是碳、氢两种元素，含量占97%～98%，其中还有少量的硫、氧、氮等。石油产品以多种碳氢化合物的混合物的形式出现的，分子式为C_nH_m，通常称为烃。随着C含量的减少，H含量的增加，燃料的质量变轻，并呈气态。当碳含量增加，H含量减少时，则成为重质燃料，当m近似为零时，便成为煤炭。

4.1.1 汽油的使用性能

汽油是从石油中提炼出的易挥发的液体燃料，它由多种碳氢化合物组成，其中碳元素约占85%，氢元素约占15%。汽油使用性能主要包括蒸发性、抗爆性、燃点和热值，它们主要取决于汽油的组成成分，国产车用汽油性能见表4-1。

表4-1 车用汽油的性能（GB1973—1999）

项　目		质量指标			试验方法
		90号	93号	97号	
抗爆性：					
研究法辛烷值/RON	不小于	90	93	97	GB/T5487
抗爆指数/（RON＋MON）/2	不小于	85	89	92	GB/T503，GB/T5487
铅含量/（g/L）	不大于	0.005			GB/T8020
馏程：					GB/T6535
10%馏出温度/℃	不高于	70			
50%馏出温度/℃	不高于	120			
90%馏出温度/℃	不高于	190			
终馏点/℃	不高于	205			
残留量/%	不大于	2			

续表 4 - 1

项　目		质量指标			试验方法
		90 号	93 号	97 号	
蒸气压/kPa					GB/T8017
从 9 月 1 日至 2 月 29 日	不大于		88		
从 3 月 1 日至 8 月 31 日	不大于		74		
实际胶质/（mg/100mL）	不大于		5		GB/T8019
诱导期/min	不小于		480		GB/T8018
硫含量/%	不大于		0.10		GB/T380
铜片腐蚀（50 ℃，3 h）/级	不大于		1		GB/T5096
水溶性酸或碱			无		GB/T259
机械杂质及水分			无		
硫醇（需满足下列要求之一）					
博士试验			通过		SH/T0174
硫醇含量/%	不大于		0.001		GB/T1792

4.1.1.1　汽油的蒸发性

发动机工作时，汽油先从液态蒸发成蒸气，并按一定比例与空气混合后，再送入气缸进行燃烧。汽油的蒸发性就是指其从液态蒸发成蒸气的难易程度：对于高速发动机，形成可燃混合气的时间很短，一般只有百分之几秒，因此汽油蒸发性的好坏，对形成混合气的质量有很大影响。

馏程和蒸气压是评价汽油蒸发性的指标。汽油及其他石油产品是多种烃类的混合物，没有一定的沸点，它随着温度的上升，按照馏分由轻到重逐次沸腾。汽油馏出温度的范围称为馏程。汽油馏程用蒸馏仪（图 4 - 1）测定。将 100 mL 试验燃料放在烧瓶中，加热产生蒸气，经冷凝器燃料蒸气凝结，滴入量筒内。将第一滴凝结的燃料流入量筒时的温度称为初馏点。随着温度升高，依次测出对应油量的馏出温度，将蒸馏所得的数据画在以温度和馏出百分数为坐标的图上，就成为蒸馏曲线（图 4 - 2）。

为了评价燃料的挥发性，以 10%，50% 和 90% 的馏出温度作为几个有代表意义的点。

（1）10% 馏出温度。汽油 10% 馏出温度标志着它的启动性。如果 10% 馏出温度较低，说明在发动机上使用这种燃料容易冷车启动。但是此温度过低，在管路中输送时受发动机温度较高部位的加热而变成蒸气，在管路中形

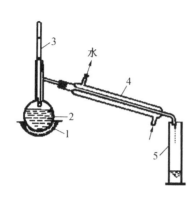

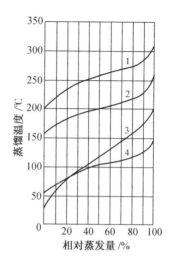

图 4 – 1　汽油蒸馏试验装置　　　　图 4 – 2　燃料蒸馏曲线

1. 加热器；2. 试验燃料；3. 温度计；　　1. 轻柴油；2. 煤油；3. 车用汽油；4. 航空汽油

4. 冷凝器；5. 量筒

成"气阻"，使发动机断火，影响它的正常运转。

（2）50%馏出温度。50%馏出温度标志着汽油的平均蒸发性。它影响着发动机的暖车时间、加速性以及工作稳定性。若此温度较低，说明这种汽油的挥发性较好，在较低温度下可以有大量的燃料挥发而与空气混合，这样可以缩短暖车时间，而且从较低负荷向较高负荷过渡时，能够及时供应所需的混合气。

（3）90%馏出温度。90%馏出温度标志着燃料中含有难于挥发的重质成分的数量。当此温度低时，燃料中所含的重质成分少。进入气缸中能够完全挥发，有利于燃料过程的进行。此温度过高，燃料中含有较多的重质成分，在气缸中不易挥发而附着在气缸壁上，燃烧容易形成积炭；或者沿着气缸壁流入油底壳，稀释机油，破坏轴承部位的润滑。

此外，饱和蒸气压的大小用以标志气阻，而干点及残留量等，也都是分别说明燃料蒸发性质的。

4.1.1.2　汽油的抗爆性

汽油的抗爆性是指汽油在发动机气缸中燃烧时，避免产生爆燃的能力。抗爆性是汽油的一项重要性能指标，用辛烷值表示，辛烷值越高，抗爆性越好。

汽油的辛烷值常用对比试验的方法来测定。在一台专用的可变压缩比的单缸试验发动机上，先用被测汽油作为燃料，使发动机在一定的条件下运转。试验中逐步提高试验发动机的压缩比，直至实验发动机产生标准强度的爆燃为止。然后，在该压缩比下，换用有一定比例的异辛烷（一种抗爆燃能力很强的碳氢化合物，规定其辛烷值为100）和正庚烷（一种抗爆燃能力极弱的碳氢化合物，规定其辛烷值为0）混合而成的标准燃料，使发动机在相同的条件下运转，改变标准燃料中异辛烷和正庚烷的比例，直到单缸试验机也产生前述的标准强度的爆燃时为止。这样最后一种标准燃料中异辛烷含量的体积百分数即为被测汽油的辛烷值。

辛烷值按其测定方法可分马达法（MON）和研究法（RON）两种，由于测定方法和条件不同，同一种汽油的MON辛烷值和RON辛烷值也不同，一般RON辛烷值比MON辛烷值高6~7个单位。目前，国产汽油以研究法（RON）辛烷值来编号，如90号汽油的RON辛烷值为90。

4.1.2 柴油的使用性能

车用柴油机使用的燃料为轻柴油。柴油的使用性能对柴油机的燃烧有重要影响。柴油的使用性能主要包括发火性、蒸发性、黏度和凝点，它们主要取决于柴油的组成成分，国产车用柴油标准见表4-2。

表4-2 轻柴油标准（GB252—2000）

项 目		质量指标						试验方法
		10 号	5	0 号	-10 号	-20 号	-35 号	-50 号	
十六烷值	不小于	45							GBT386—1991
馏程: 50% 馏出温度/℃	不高于	300							GBT6536—1997
90% 馏出温度/ ℃	不高于	355							
95% 馏出温度/ ℃	不高于	365							
运动黏度（20℃）/（mm²/s）		3.0~8.0				2.5~8.0	1.8~7.0		GB/T265—1988
10% 蒸余物残炭/%	不大于	0.4			0.3				GB/T268—1987
灰分/%	不大于	0.025							GB/T508—1985
含硫量/%	不大于	0.2							GB/T380—1988
机械杂质/%		无							GB/T511—1988
水分/%	不大于	痕迹							GB/T260—1988

续表 4 - 2

项 目	质量指标							试验方法
	10 号	5	0 号	- 10 号	- 20 号	- 35 号	- 50 号	
闪点（闭口）/℃ 不低于	55					45		GB/T261—1983
腐蚀（铜片，50℃，3h）	合格							GB/T378—1990
酸度（mg KOH/100mL）不大于	10							GB/T258—1988
凝点/℃ 不高于	10	5	0	- 10	- 20	- 35	- 50	GB/T510—1983
水溶性酸或碱	无							GB/T259—1988
实际胶质/（mg/100mL）不大于	70							GB/T509—1988

4.1.2.1 柴油的自燃性

十六烷值是评定柴油自燃性好坏的指标。它与发动机的粗暴性及启动性均有密切关系。对于自燃性好的燃料，着火延迟时期短，在着火落后时期内，气缸中形成的混合气少，着火后压力升高速度低，工作柔和，这是柴油机所希望的。而且，对于自燃性好的燃料，冷起动性能亦随之改善。

测定柴油的十六烷值，是在特殊的单缸试验机上按规定的条件进行。试验时采用由十六烷和 α - 甲基萘混合制成的混合液，十六烷容易自燃，规定它的十六烷值为100，α - 甲基萘最不容易自燃，其十六烷值定为0。当被测定柴油的自燃性与所配制的混合液的自燃性相同时，则混合液中十六烷的体积百分数就定为该种柴油的十六烷值。

柴油的十六烷值与燃料的分子结构及分子量均有密切关系。因此，十六烷值是可以通过选择原油种类、炼制方法及添加剂来予以控制的。一般直链烷烃比环烷烃的十六烷值高；在直链烷烃中相对分子质量愈大，十六烷值愈高。因此，尽管燃料的十六烷值高对于缩短滞燃期及改善冷起动有利，但增大十六烷值，将带来燃料相对分子质量加大，使油的蒸发性变差及黏度增加，导致排气冒烟加剧及燃油经济性下降。例如，试验表明十六烷值由55增加到75，油耗率可能增加 7 ~ 8 g/（kW·h）。另外，柴油的十六烷值对于分开式燃烧室就不像对于开式燃烧室那么重要。因此。国产柴油的十六烷值规定在 40 ~ 50 之间，不必过分增大。

4.1.2.2 柴油的蒸发性

馏程表示柴油的蒸发性，用燃油馏出某一百分比的温度范围来表示，主要以50%馏出温度、90%馏出温度和95%馏出温度作为评价柴油蒸发性的指标。

50% 馏出温度低的柴油蒸发性好，有利于混合气的形成和燃烧的进行，对发动机的冷起动也有利，但柴油中蒸发性好的组成成分其发火性差。90% 馏出温度和 95% 馏出温度越高，说明柴油中不易蒸发的成分越多，燃烧后容易导致排气冒烟和产生积炭。因此，要求柴油的 50% 馏出温度应适宜，90% 馏出温度和 95% 馏出温度应比较低。

4.1.2.3 柴油的流动性

柴油的黏度决定其流动性。黏度低，流动性好，柴油从喷油器喷出时容易雾化。但黏度过低会失去必要的润滑能力，会加剧喷油泵和喷油器中精密偶件的磨损。黏度过大，流动阻力大，滤清困难，喷雾不良。

柴油的凝点是指其失去流动性的温度。柴油在接近凝点时，由于柴油中的石蜡结晶颗粒总量增加，流动性严重下降，会导致供油困难甚至供油中断，柴油机无法正常工作。为保证柴油机在较低的温度下能正常工作，要求柴油应有较低的凝点。

国产轻柴油按凝点编号，凝点也是选用柴油的主要依据，一般要求柴油的凝点应比最低的环境温度低 3~5 ℃（表 4-3）。

表 4-3 轻柴油的选用

牌　号	适用范围	牌　号	适用范围
10 号	有预热设备的柴油机	-20 号	气温在 -14 ℃以上地区
5 号	气温在 8 ℃以上地区	-35 号	气温在 -29 ℃以上地区
0 号	气温在 4 ℃以上地区	-50 号	气温在 -44 ℃以上地区
-10 号	气温在 -5 ℃以上地区		

4.1.3 汽油、柴油性能差异对发动机的影响

发动机发展演变的过程与燃料工业的发展密切相关。发动机发展初期是以煤气为燃料，因为在 19 世纪中叶，欧洲各大城市已使用煤气照明，煤气是当时比较容易得到的能源。随着石油工业的发展，出现了热值比煤气高许多，而且蒸发性也很强的轻油燃料（汽油）。这时，汽油机的混合气形成及点火方式都受到煤气机的强烈影响。不过，提高汽油机性能受到不正常燃烧的限制，汽油机的压缩比不高。为了扩大使用燃料的来源，有人曾利用废气

热量对重馏分油（柴油）进行加热，促使其蒸发并与空气混合后，再送入气缸。在低压缩比下用电火花点火，但这是不成功的。1893 年，Diesel 提出利用高温的压缩空气促使燃料着火；继而，为克服柴油蒸发性差的缺点，采用气力或机力向缸内喷射的方式以形成混合气，这便是 20 世纪初叶，柴油机出现的雏形。因此，从发动机发展的历史看出，燃料品质不同，是引起汽油机与柴油机在混合气形成与燃烧方面差异的基本原因。

4.1.3.1　引起在混合气形成上的差异

与柴油相比，汽油挥发性强（从 50 ℃开始馏出，至 200 ℃左右蒸发完毕），因而可能在较低温度下以较充裕的时间在气缸外部进气管中形成均匀的混合气，因而控制混合气的数量，便能调节汽油机的功率。而柴油蒸发性差（200 ℃开始馏出，至 350 ℃结束），但黏性比较好，不可能在低温下形成油气混合气，但适宜用油泵油嘴向气缸内部喷油，靠调节供油量来调节负荷，而吸入的空气量基本上是不变的。

4.1.3.2　引起着火与燃烧上的差异

汽油自燃温度较高，但汽油蒸气在外部引火条件下的温度极低，因而不宜压燃但适宜外源点火；为促使有规律的燃烧，应防止其自燃（压缩比不能高）；由于混合气均匀，着火后，以火焰传播的方式向均匀的混合气展开。对于柴油，则利用其化学安定性差，易自燃的优点，采用压缩自燃的方式；为促进自燃，压缩比不宜过低，柴油的喷射及与空气的混合，既短暂又不均匀，常有随喷随烧的现象，因而使燃烧时间延长。

4.1.4　醇类燃料

随着世界石油储量日益减少，在发动机上使用代用燃料的趋势正在加速。目前，发动机燃料多样化的特点，为发动机的发展与改造带来了新的推动力。发动机的代用燃料有醇类燃料、人造汽油、氢燃料、煤浆燃料、植物油等。用煤的液化生产人造汽油，在技术上是可行的，但成本较高；氢是今后很有前途的燃料，但氢的制取与储运仍有待进一步解决；将煤粉与柴油掺和形成固液两相的煤浆，在发动机上试验已有成功的范例，但固体燃料在高速燃烧的发动机上应用，仍有燃烧不完全和积炭磨损的问题。这些都属于探索性的代用燃料。当今比较成熟而且已经实用的代用燃料，还是醇类与汽油掺和，称为酒精汽油，这在一些国家已有广泛应用。

醇类燃料（例如甲醇和乙醇）来源广泛，有较好的燃料特性（表 4 - 4），能满足汽车燃料的基本要求。与汽油比较，它的特点是：

（1）醇类燃料的热值低，但醇中含氧量大，所需的理论空气量不到汽油的一半，所以两者的混合气热值都差不多，从而保证发动机动力性能不致降低。由于热值低，酒精汽油的燃油消耗率比普通汽油高，不过热效率并不比普通汽油低，而且其混合气比汽油混合气还稀。

表 4－4　常用液体和气体燃料的理化性质

项目		燃料名					
		汽油	轻柴油	天然气（NG）	液化石油气（LPG）	甲醇	乙醇
来源		石油炼制产品	石油炼制产品	以自由状态存于油气田，以 20MPa 压缩贮存为压缩天然气（CNG），在 -162 ℃以下隔热状态呈液态保存为液化天然气（LPG）	在石油炼制过程中产生的液化气体	由 CO 和 H_2 化学合成	植物淀粉物质发酵蒸馏
分子式		含 C_5—C_{11} 的 HC	含 C_{15}—C_{23} 的 HC	含 C_1—C_3 的 HC，主要成分是 CH_4	含 C_3—C_4 的 HC 成分是 C_3H_8	CH_3OH	C_2H_5OH
质量成分	g_C	0.855	0.87	0.75	0.818	0.375	0.522
	g_H	0.145	0.126	0.25	0.182	0.125	0.130
	g_O	—	0.004	—	—	0.50	0.348
相对分子质量		114	170	16	44	32	46
液态密度 /（kg/L）		0.70~0.75	0.82~0.88	0.42	0.54	0.78	0.80
沸点/℃		25~220	160~360	-161.5	-42.1	64.4	78.3
蒸发潜热 /（kJ/kg）		334		510	426	1 100	862

续表 4 – 4

项目		燃料名					
		汽油	轻柴油	天然气（NG）	液化石油气（LPG）	甲醇	乙醇
理论空气量	kJ/kg	14.9	14.5	17.4	15.8	6.52	9.05
	m³/kg	11.54	11.22	13.33	12.12	5	6.95
	kmol/kg	0.515	0.50	0.595	0.541	0.223	0.310
自燃温度/℃		220~250	—	632	504	500	420
闪点/℃		−45	50~65	−162 以下	−73.3	10~11	9~32
燃料低热值/（kJ/kg）		44 000	42 500	50 050	46 390	20 260	27 000
混合气热值/（kJ/m³）		3 750	3 750	3 230	3 490	3 557	3 660
辛烷值	RON	90~106	—	130	96~111	110	106
	MON	81~89	—	120~130	89~96	92	89
蒸气压/kPa		49~83	—	不能测定	1 274	30.4	15.9

（2）醇的汽化潜热是汽油的 3 倍左右，混合燃料蒸发汽化，可以促使进气温度进一步降低，增加了充气量，提高了功率。但困难的是，在使用中需予以强预热。

（3）醇具有高的抗爆性能，加醇的混合汽油可提高燃料的辛烷值，这对提高汽油机的压缩比极为有利。

（4）醇的沸点低，产生气阻的倾向比汽油大，要采取相应的措施。

（5）在常温下醇难溶于汽油，混合不匀的燃料使发动机运转不稳定。为此，需要加入适量的助溶剂，以利于醇与汽油相互溶解。

（6）甲醇对视神经有损伤作用，其混合燃料有一定的毒性，在储运及使用中要注意安全。另外，甲醇对金属有一定的腐蚀作用，应采取防蚀措施。

4.1.5 气体燃料

气体燃料可分为天然气（NG）、液化石油气（LPG）及工业生产中的气体燃料。天然气是以自由状态或与石油共生于自然界中的可燃气体，它的主要成分是甲烷。液化石油气是在石油炼制过程中产生的石油气，主要成分是丙烷、丙烯等。在车辆上应用最多的气体燃料是天然气。世界上近年来天然气燃料发展最快，已成为第三大支柱性能源。它用于汽车一般有两种形式：一种是压缩天然气（CNG）。通常以 20MPa 压缩储存于高压气瓶中；另一种是液化天然气（LNG），将天然气以 – 162 ℃ 低温液化储存于隔热的液化气罐中。与压缩天然气相比，液化天然气具有能量密度高、储运性好（它的液态密度仅为常态下气体密度的 1/600）、行驶距离长等优点；缺点是需要有极低温技术，储运困难而且成本高等。因此将液化天然气作为汽车燃料尚处于研究之中。当今广泛应用的仍是压缩天然气。

天然气的理化性质见表 4 – 4。由表可见，天然气燃料具有如下优点：

（1）天然气的主要成分是甲烷，CO 排放量少，未燃 HC 成分引起的光化学反应低，燃料中几乎不含硫的成分，从全球环保的角度看，比电动汽车的 SO_2 排放量要低。

（2）辛烷值高达 130，可采用高压缩比，获得高的热效率。

（3）燃烧下限宽，稀燃特性优越，在广泛的运转范围内，可降低 NO_x 生成，进而也可提高热效率。

（4）由于是气体燃料，低温启动性及低温运转性能良好，进而在暖机过程中，不需要在使用液体燃料时所必要的额外供油，不完全燃烧成分少。

（5）天然气燃料适用性好，可采用油气双燃料供应方式，也可采用电控混合气或电控天然气喷射方式工作。它适用于轻型车，也适用于柴油车。

（6）将天然气应用于柴油车，固体微粒的排放率几乎为 0（微粒排放是当今柴油车排放治理中突出的困难），从而达到低公害车的标准。

天然气燃料的缺点：

（1）因为在常温、常压下是气体，储运性能比液体燃料差。一次充气行驶距离短，长途汽车应用有一定困难，但用于城市内车辆是可行的，其实它比一次充电的电动机车的行驶距离要长得多。

（2）由于储气压一般达 20 MPa 高压，使燃料容器加重。

（3）由于呈气体状态吸入，使发动机体积效率降低，与液体燃料相比（如汽油），单位体积的混合气热值小，功率下降近 10% 。

总之，天然气燃料作为车辆上使用的一种新能源，由于它的有害排放低、成本低以及高效率，可望在车用发动机跨世纪工程中得到广泛应用。

4.2 燃烧热化学

不管燃烧过程多么复杂，在燃烧分析中总需要提供有关燃料、空气及其产物的一些基本数量关系。对于已知的燃料，各元素的含量是可以测得的，而空气中氧化氮的比例又是一定的，按照完全燃烧的化学当量关系，很容易求出一些基本量，为发动机经验设计及调试提供依据。

4.2.1　1 kg 燃料完全燃烧所需的理论空气量

燃油中的主要成分是碳（C）、氢（H）、氧（O），其他成分数量很少，计算时可略去不计。

若以质量成分表示 1 kg 燃料中各元素的含量，则

$$g_C + g_H + g_O = 1 \text{ kg}$$

式中：g_C，g_H，g_O——1 kg 燃料的 C，H，O 的质量成分。

另外，空气中的主要元素是氧（O_2）和氮（N_2）。按体积计（即按物质的量计），O_2 约占 21%，N_2 约占 79%；按质量计，O_2 约占 23%，N_2 约占 77%。

燃油中的 C，H 完全燃烧，其化学反应方程式分别是

$$C + O_2 = CO_2$$
$$2H_2 + O_2 = 2H_2O$$

按照化学反应的当量关系，可求出 1 kg 燃料完全燃烧所需的理论空气量

$$L_0 - \frac{1}{0.21}\left(\frac{g_C}{12} + \frac{g_H}{4} - \frac{g_O}{32}\right) \text{kmol/kg 燃料} \tag{4-1}$$

或

$$L'_0 = \frac{1}{0.23}\left(\frac{8}{3}g_C + 8g_H - g_O\right) \text{kg/kg 燃料} \tag{4-2}$$

几种主要燃料的质量成分及理论空气量见表 4-4。

4.2.2　过量空气系数 α

在发动机中，实际提供的空气量往往并不等于理论空气量。燃烧 1 kg 燃料实际提供的空气量 L 与理论上所需空气量 L_0 之比，称为过量空气系数，用 α 表示。

$$\alpha = \frac{L}{L_0} \tag{4-3}$$

过量空气系数 α 与发动机类型、混合气形成的方法、燃料的种类、工况（负荷与转速）、功率调节的方法等因素有关。

汽油机燃烧时用的是预先混合好的均匀混合气，混合比只在狭小的范围内变化（$\alpha = 0.8 \sim 1.2$）。当负荷变化时，α 略有变化，见图 4 – 3。

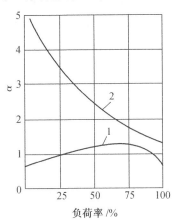

图 4 – 3　α 随负荷的变化关系

1. 汽油机；2. 柴油机

柴油机负荷是靠质调节的（即混合气浓度调节），α 的变化范围很大。由于混合气形成不均匀，因此 α 总是大于 1 的。一般车用高速柴油机，$\alpha = 1.2 \sim 1.6$；增压柴油机，$\alpha = 1.8 \sim 2.2$。

与 α 的概念相似，也有将燃烧时空气量与燃料的比例直接用空燃比 A/F 表示的。

$$\frac{A}{F} = \frac{空气量}{燃料量} = \frac{燃料量 \times \alpha}{燃料量} = \alpha L_0 \tag{4-4}$$

对于汽油，化学当量（$\alpha = 1$）的空燃比 $A/F = 14.9$。

4.2.3　$A/F > 1$ 时完全燃烧产物的数量

4.2.3.1　燃烧前混合气的数量

对于汽油机，燃烧前新鲜混合气由空气和燃料蒸气组成，若燃料相对分子质量为 M_{rT}，则 1 kg 燃料形成的混合气量（kmol/kg 燃料）是

$$M_1 = \alpha L_0 + \frac{1}{M_{rT}} \tag{4-5}$$

对于柴油机是在压缩终点向气缸内喷入液体状态的燃料，体积不及空气体积的1/10 000，可忽略不计，认为燃烧前的工质是纯空气 M_1（kmol/kg 燃

料）

$$M_1 = \alpha L_0 \qquad (4-6)$$

4.2.3.2 燃烧产物的数量

在 $\alpha > 1$ 的情况下，完全燃烧的产物是由 CO_2、H_2O、剩余的 O_2 及未参与反应的 N_2 组成，即根据前面的化学反应方程式，很方便地求出 M_2（kmol/kg 燃料）

$$M_2 = \alpha L_0 + \frac{g_H}{4} + \frac{g_O}{32} \qquad (4-7)$$

4.2.4 燃料热值与混合气热值

4.2.4.1 燃料热值

1 kg 燃料完全燃烧所放出的热量，称为燃料的热值。在高温的燃烧产物中，水以蒸气状态存在，水的汽化潜热不能利用。待温度降低以后，水的汽化潜热才能释放出来。因此，水凝结以后计入水的汽化潜热的热值，称为高热值；在高温下的，则为低热值。发动机排气温度较高，水的汽化潜热不能利用，因此应用低热值。

4.2.4.2 混合气热值

当气缸工作容积和进气条件一定时，每循环加给工质的热量取决于单位体积可燃混合气热值，而不是决定于燃料的热值。可燃混合气的热值以 kJ/kmol 或 kJ/m^3（标准）计。1 kg 燃料形成可燃混合气的数量为 M_1，它所产生的热量是燃料的低热值 h_μ。因此，单位数量可燃混合气的热值 Q_{mix}（kJ/kmol）是

$$Q_{mix} = \frac{h_\mu}{M_1} = \frac{h_\mu}{\varphi_{at} L_0 + \dfrac{1}{M_{rT}}} \qquad (4-8)$$

M_1 随过量空气系数 α 而变，当 $\alpha = 1$ 时，燃料与空气所形成的可燃混合气热值称为理论混合气热值。各主要燃料的低热值及理论混合气热值见表 4-4。

复习思考题

1. 汽油和轻柴油的牌号是按什么划分的？
2. 如何确定汽油和柴油的辛烷值和十六烷值？
3. 试比较两种空燃比表达式的特点和含义。

5 汽油机混合气形成和燃烧

汽油机在点火前，燃油必须蒸发，形成可燃的均匀混合气。化油器式汽油机和燃油喷射发动机的混合气形成差别很大。

5.1 汽油机混合气形成

5.1.1 化油器式汽油机混合气形成

传统化油器式汽油机混合气形成，是利用化油器在气缸外部形成可燃混合气。在汽油机运行时，由于工况不同，对混合气最佳成分的要求也不同。

小负荷时节气门开度较小，进入气缸的混合气量也少，缸内残余废气系数较大，供给较浓的混合气（$\alpha = 0.7 \sim 0.9$）；中等负荷时，由于汽车大部分处于此工况，为获得较好的经济性，供给最经济的混合气（$\alpha = 1.05 \sim 1.15$）；在大负荷时，为使发动机发出最大功率，应供给浓混合气（$\alpha = 0.8 \sim 0.9$）。

启动时，喉管处流速小，吸气量小，温度低，气化条件差，供给过浓混合气（$\alpha = 0.2 \sim 0.6$）。

怠速时，节气门开度很小，汽油机转速低吸油困难，进入气缸的混合气量少且稀，应供给较浓的混合气（$\alpha = 0.6 \sim 0.8$）。

加速时，节气门突然开大，由于燃油的惯性和黏性大于空气，使燃油的增量小于空气的增量，会使混合气变稀，应额外供应部分燃油。

5.1.2 汽油喷射系统混合气形成

汽油喷射系统混合气形成，与化油器混合气形成不同，其进入气缸的混合气成分，既取决于吸入的空气量，又取决于喷油器喷射的燃料量。

图 5 - 1 所示为常用的多点燃油喷射系统示意图。电子控制的汽油喷射系统，以发动机转速和空气量为依据，由 ECU 接受来自各个传感器的信号，诸如：进气量、曲轴转角、发动机转速、加速减速、冷却水温度、进气温度、节气门开度及排气中氧含量等，经处理后，将控制信号送到喷油器，通过控制喷油器启闭时间长短，改变供油量，使达到最佳空燃比，以适应发动

机运行工况的要求。

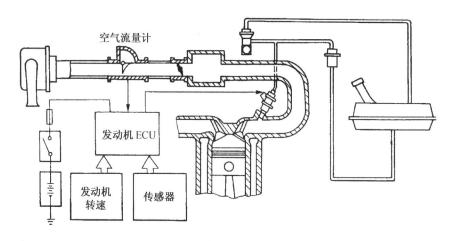

图 5 – 1 多点燃油喷射系统示意图

5.2 汽油机正常燃烧

火花塞跳火点燃可燃混合气，形成火焰中心。火焰按一定速度连续地传播到整个燃烧室的空间。在此期间，火焰传播速度及火焰前锋的形状均没有急剧变化，这种状况称为正常燃烧。

5.2.1 正常燃烧进行情况

通常根据高速摄影摄取的燃烧图，或激光吸收光谱仪来分析燃烧过程。最简便的方法是测取燃烧过程的展开示功图。图 5 – 2 为汽油机燃烧过程展开示功图，它以发动机曲轴转角为横坐标，气缸内气体压力为纵坐标。图中虚线表示只压缩不点火的压缩线。

燃烧过程的进行是连续的，为分析方便，按其压力变化的特征，可人为地将汽油机的燃烧过程分为Ⅰ，Ⅱ，Ⅲ三个阶段。

5.2.1.1 着火延迟期

从火花塞跳火开始到形成火焰中心为止这段时间，称为着火延迟期，如图 5 –2 中阶段Ⅰ所示。从火花塞跳火开始到上止点的曲轴转角，称为点火提前角，用 θ_{ig} 表示。

火花塞跳火后，并不能立刻形成火焰中心，因为混合气氧化反应需要一定时间。当火花能量使局部混合气温度迅速升高，以及火花放电时，两极电

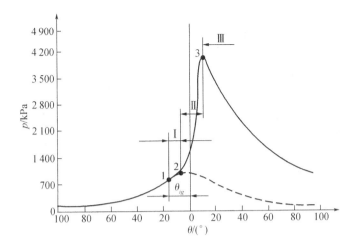

图 5 - 2　汽油机燃烧示功图

Ⅰ. 着火延迟期；Ⅱ. 明显燃烧期；Ⅲ. 补燃期

1. 开始点火；2. 形成火焰中心；3. 最高压力点

压在 15 000 V 以上时，混合气局部温度可达 2 000 ℃，加快了混合气的氧化反应速度。这种反应达到一定的程度（所需要时间约占整个燃烧时间的 15% 时），出现发光区，形成火焰中心。此阶段压力无明显升高。

　　着火延迟期的长短，与燃料本身的分子结构和物理化学性质、过量空气系数（$\alpha = 0.8 \sim 0.9$ 时最短）、开始点火时气缸内温度和压力（取决于压缩比）、残余废气量、气缸内混合气的运动、火花能量大小等因素有关。汽油机燃烧过程中，着火延迟期的影响不如柴油机大。

5.2.1.2　明显燃烧期

　　从火焰中心形成到气缸内出现最高压力为止这段时间，称为明显燃烧期，见图 5 - 2 中第Ⅱ阶段。

　　当火焰中心形成后，火焰前锋以 20 ~ 30 m/s 的速度，从火焰中心开始逐层向四周的未燃混合气传播，直到连续不断扫过整个燃烧室。混合气的绝大部分（80% 以上）在此期间内燃烧完毕，压力、温度迅速升高，出现最高压力点 3。图 5 - 3 为正常燃烧时，火焰前锋的瞬时位置。

　　最高压力点 3 出现的时刻，对发动机功率、燃油消耗有很大影响。过早，混合气点火早，使压缩功增加，热效率下降；过迟，燃烧产物的膨胀比减小，燃烧在较大容积下进行，散热损失增加，热效率也下降。实践证明，最高压力出现在上止点后 12° ~ 15° 曲轴转角时，示功图面积最大，循环功

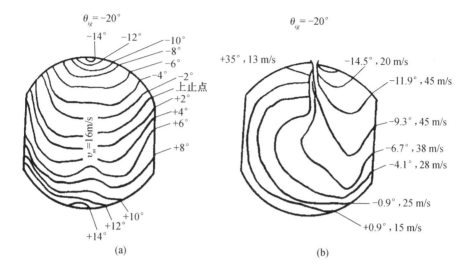

图 5 - 3　汽油机正常燃烧的火焰前锋瞬时位置
（a）气缸内无涡流；（b）气缸内有涡流

最多。此时对应的点火提取前角为最佳点火提前角。因而，可以通过调整点火提前角，使最高燃烧压力出现在适宜的位置。

常用压力升高率表示汽油机工作粗暴的程度。

5.2.1.3　后燃期

从最高压力点开始到燃料基本燃烧完为止，称为后燃期。这一阶段主要是明显燃烧期内火焰前锋扫过的区域，部分未燃尽的燃料继续燃烧；吸附于缸壁上的混合气层继续燃烧；部分高温分解产物（CH_2，CO 等）在膨胀过程中温度下降又重新燃烧、放热。

由于活塞下行，压力降低，使后燃期内燃烧放出的热量不能有效地转变为功；同时，排气温度增加，热效率下降，影响发动机动力性和经济性。因此，应尽量减少。正常燃烧时，汽油机后燃较柴油机轻得多。

5.2.2　汽油机不规则燃烧

汽油机不规则燃烧，是指在正常运转情况下，发动机各循环之间的燃烧差异和各缸之间的燃烧差异。

5.2.2.1　各循环之间的燃烧差异

各循环间的燃烧差异，主要是燃烧的不稳定性，表现为循环的压力波动。

影响循环波动的因素较多，如混合气浓度、发动机负荷、转速、点火时刻、燃烧室形状、火花塞位置、压缩比、配气定时等。为提高发动机功率，减少油耗，降低排放污染和噪声，应使燃烧差异降到最小限度。

5.2.2.2 各缸间的燃烧差异

各缸间燃烧差异，主要是由于可燃混合气对各缸分配不均造成的。可燃混合气量和成分都存在不均匀。

由于各缸混合气成分不同，不能使各缸处于理想的混合比工作，使发动机功率下降，油耗上升，排放污染加大，甚至个别缸出现过热、火花塞烧损现象。

影响混合气分配不均的主要因素是化油器和进气管。化油器的安装位置要适当，使其至各缸气道的路径相同，保证进气管到各缸的通道（管长、直径、对称性等）相等。进气管内表面光滑，弯道少。

采用汽油喷射技术，可以改善雾化质量，使各缸间混合气的分配均匀。如多点喷射的汽油机，燃料喷射系统在各缸的进气门前装一个喷油器，使各缸供油量保持一致，发动机性能得到改善。

5.3 汽油机不正常燃烧

5.3.1 爆 燃

5.3.1.1 爆燃的成因

汽油机燃烧过程中，火焰前锋以正常的传播速度向前推进，使得火焰前方未燃的混合气（末端混合气），受到已燃混合气强烈的压缩和热辐射作用，加速其先期反应，并放出部分热量，使其本身的温度不断升高，以至于在正常的火焰到达之前，末端混合气内部最适宜着火的部位，已出现一个或多个火焰中心，这种现象称为爆燃。

爆燃的火焰前锋面推进速度，远远高于正常燃烧的火焰传播速度。轻微爆燃时，火焰传播速度为 100~300 m/s；强烈爆燃时，火焰传播速度为 800~2 000 m/s。它使未燃混合气体瞬时燃烧完毕，局部温度、压力猛烈增加，形成强烈的压力冲击波。冲击波以超音速传播，撞击燃烧室壁，发出频率为 3 000~5 000 Hz 的尖锐的金属敲击声。试验表明，发动机总充量中，只要有大于 5%的部分进行自燃时，就足以引起剧烈爆燃。

如图 5-4 所示，爆燃比正常燃烧时的压力升高，有时可达 65 MPa。压力波动很大，破坏了正常燃烧示功图，使发动机功率下降，零件受冲击载荷增加，使用寿命下降。

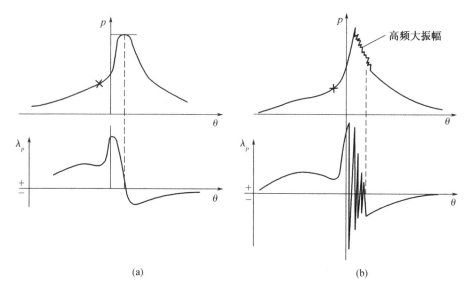

图 5 - 4　正常燃烧与爆燃的 $p - \theta$ 图和 $\lambda_p - \theta$ 图比较

（a）正常燃烧；（b）爆燃

5.3.1.2　爆燃的危害

发生爆燃时，汽油机将出现敲缸声。轻微爆燃时，功率略有增加，但强烈的爆燃，使汽油机功率下降，工作变得不稳定，发动机振动较大。由于爆燃的冲击波破坏了燃烧室壁面的油膜和气膜，使传热增加，发动机过热。

5.3.1.3　减少爆燃的措施

（1）使用抗爆性高的燃料。当辛烷值增加时着火延迟期也增加，抗爆性好。添加抗爆剂可提高汽油的抗爆性。

（2）降低末端混合气温度和压力。降低冷却液温度、进气温度，使用浓混合气，推迟点火，降低压缩比，及时清除燃烧室积炭，合理设计燃烧室，缩短火焰传播距离等。

（3）降低负荷、提高转速减小爆燃倾向。降低负荷，上一循环的残余废气量相应增多，废气对混合气的自燃有阻碍作用。提高转速，混合气的扰流强度提高，火焰传播速度加快，不易产生爆燃。

总之，汽油机在降低压缩比、关小节气门或提高转速时，都不易产生爆燃。推迟点火时刻、提高汽油的辛烷值，也是减少爆燃倾向的有效措施。

5.3.2 表面点火

在汽油机中，凡是不靠电火花点火而由燃烧室炽热表面（如过热的火花塞绝缘体和电极、排气门、炽热的积炭等）点燃混合气而引起的不正常燃烧现象，称为表面点火。根据被炽热表面点火的火焰是否始终以正常速度进行传播，表面点火可分为非爆燃性表面点火和爆燃性表面点火。

5.3.2.1 非爆燃性表面点火

如果表面点火发生在正常点火时刻之前，称为早火；发生在正常点火时刻之后，称为后火。图5-5为非爆燃性表面点火示功图。

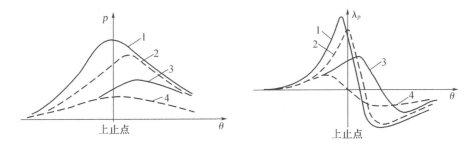

图5-5 非爆燃性表面点火示功图
1. 早火；2. 正常点火；3. 后火；4. 倒拖

（1）后火。火花塞跳火点燃混合气后，在火焰传播过程中，由于炽热表面使火焰前锋未扫过区域的混合气被点燃，但形成的火焰前锋仍以正常的火焰传播速度向未燃气区推进，称为后火。这种现象可在发动机断火后，发现发动机仍像有电火花点火一样，继续运转，直到炽热点温度下降到不能点燃混合气为止，发动机才停转。

（2）早火（早燃）。高温炽热表面在火花塞跳火前点燃混合气的现象，称为早火。发生早火时，炽热表面温度较高。由于混合气在进气和压缩行程中长期受到炽热表面加热，点燃的区域比较大，一经着火，势必使火焰传播速度较高，压力升高过大。常使最高压力点出现在上止点之前，压缩功过大，发动机运转不平稳并发生沉闷的敲击声。同时，早燃的发生使散热损失增加，传给冷却水的热量增多，容易使发动机过热，有效功率下降。甚至在压缩过程末期的高温、高压下，会引起机件损坏。

非爆燃性表面点火，大体是发动机长时间高负荷运行，致使火花塞绝缘体、电极或排气门温度过高而引起。

5.3.2.2 爆燃性表面点火（激爆）

激爆是一种表面点火现象，它是由燃烧室沉积物引起的爆燃性表面点火，是一种危害最大的表面点火现象。

发动机低速、低负荷（水平路上，汽车行驶速度低于 20 km/h）运转时，燃烧室表面极易形成热性很差的沉积物。它使高压缩比汽油机的表面温度更高。此外，沉积物颗粒被高温火焰包围，使其急剧氧化而白炽化，将混合气点燃。在发动机加速时，气流吹起已着火的碳粒，使混合气产生多火点燃的着火现象，致使混合气剧烈燃烧，压力升高率和最高燃烧压力急剧增加。

爆燃和表面点火均属不正常燃烧现象，但两者是完全不同的。爆燃是火花塞跳火后，末端混合气的自然现象；表面点火是火花塞跳火以前或之后，由炽热表面或沉积物点燃混合气所致。爆燃时火焰以冲击波的速度传播，有尖锐的敲击声；表面点火时敲缸声比较沉闷。

严重的爆燃增加向缸壁的传热，促使燃烧室内炽热点的形成，导致表面点火；早燃会使压力升高率和最高压力增加，热辐射增大，又促使爆燃的发生。

5.3.2.3 防止表面点火的措施

（1）选用低沸点的汽油和含胶质较少的润滑油。
（2）降低压缩比。
（3）避免长时间低负荷运行和频繁加速减速行驶。
（4）在燃料中加入抑制表面点火的添加剂等。

5.4 影响燃烧过程的因素

5.4.1 燃料的影响

燃料的使用性能对燃烧过程有直接的影响。例如：汽油的蒸发性强，就容易汽化，与空气混合，使燃烧速度快，且易于完全燃烧。但蒸发性过强，也会使汽油在炎热的夏季、高原山区使用时，出现供油系气阻，甚至发生断油现象。汽油的辛烷值高，就不容易发生爆燃燃烧。

5.4.2 混合气成分

混合气成分对燃料能否及时燃烧和火焰传播速度都有影响。如图 5－6

所示，过量空气系数 α = 0.85 ~ 0.95 时，发动机发出最大功率。称这种混合气为最大功率混合气。汽车在满负荷工况下工作时，要求汽油机输出最大功率，此时，化油器应供给最大功率混合气。

当过量空气系数 α < 0.85 ~ 0.95 时，称为过浓混合气。此时由于火焰传播速度降低，功率减少；且由于缺氧，燃烧不完全，使热效率降低，耗油率增加。发动机怠速或低负荷运转时，节气门开度小，进入气缸的新鲜混合气量少，残余废气相对较多，可能引起断火现象。为维持发动机稳定运转，通常供给比最大功率混合气更浓的混合气，一般 α = 0.6 左右。当发动机中 α = 0.4 ~ 0.5 时，由于严重缺氧，火焰不能传播，混合气不能燃烧。

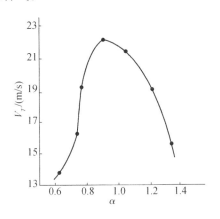

图 5 – 6　混合气成分对火焰传播的影响

因此，α = 0.4 ~ 0.5 的混合气成分称为火焰传播上限。当过量空气系数 α = 1.05 ~ 1.15 时，火焰传播速度仍较高，且此时空气相对充足，燃油能完全燃烧，所以热效率最高，有效耗油率最低。此浓度混合气体称为最经济混合气。汽车行驶的大多数情况是处于中等负荷工况工作。为减少燃油消耗，化油器应供给最经济混合气成分。当过量空气系数 α > 1.05 ~ 1.15 时，称为过稀混合气。此时火焰传播速度降低很多，燃烧缓慢，使燃烧过程进行到排气行程终了，补燃增多，使发动机功率下降，油耗增多。由于燃烧过程的时间延长，在排气行程终了，进气门已开启，含氧过剩的高温废气可以点燃进气管内新气，造成化油器放炮。当 α = 1.3 ~ 1.4 时，由于燃料热值过低，混合气不能传播，造成缺火或停车现象。此时混合气浓度为火焰传播的下限。

当使用最大功率混合气时，火焰传播速度最快，从火焰中心形成到火焰传播到末端，混合气的火焰传播时间缩短，使爆燃倾向减小。同时缸内压力、温度较高，压力升高率较大，使从火焰中心形成到末端混合气自燃发火的准备时间也缩短，又使爆燃倾向增大。实践证明，后者是影响的主要方面。因此，在各种混合气成分中，以供给最大功率混合气时最易爆燃。如汽车满载爬坡时容易爆燃。

5.4.3　点火提前角

点火提前角大小对汽油机性能有很大影响。图 5 – 7 为气门全开、额定转速下混合气成分不变时，改变点火提前角，燃烧示功图的变化。

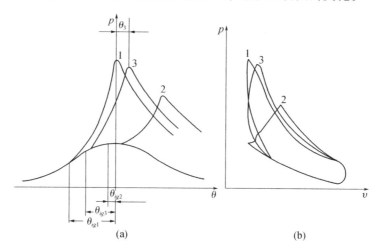

图 5 - 7　不同点火提前角的示功图

（a）$p-\theta$ 图；（b）$p-v$ 图

1. 点火过早；2. 点火过迟；3. 点火适当

由图 5 - 7（a）可见，曲线 1 的示功图点火提前角为 θ_{ig1}。相比之下，θ_{ig1} 过大（点火过早），使经过着火落后期后，最高燃烧压力出现在压缩行程的上止点以前。最高压力及压力升高率过大，活塞上行消耗的压缩功增加，发动机容易过热，有效功率下降，工作粗暴程度增加。同时由于混合气的压力、温度过高，爆燃倾向增加。在这种情况下，只要适当减小点火提前角，就可以消除爆燃。曲线 2 的示功图对应的点火提前角 θ_{ig2} 过小（点火过迟）。经过着火落后期后，燃烧开始时，活塞已向下止点移动相当距离，使混合气燃烧在较大容积下进行，炽热的燃气与缸壁接触面积大，散热损失增多。最高压力降低，且膨胀不充分，使排气温度过高，发动机过热，功率下降，耗油量增多。曲线 3 的示功图对应的点火提前角 θ_{ig3} 比较适当。因而压力升高率不是过高，最高压力出现在上止点后合适的角度内。从图 5 - 7（b）的比较也可以看出，示功图中 1 比示功图中 3 多做了一部分压缩功，又减少了一部分膨胀功。示功图中 2 的膨胀线虽然比示功图中 3 的高些，但最高压力点低，只有示功图 3 的面积最大，完成的循环功最多，发动机的动力性、经济性最好。

综上所述，过大过小的点火提前角都不好。只有选择合适的点火提前角，才能得到合适的最高压力及压力升高率，使最高压力出现在上止点后 $12°\sim15°$ 曲轴转角内，保证发动机运转平稳、功率大、油耗低。这种点火提前角称为最佳点火提前角。使用中，随发动机工况的变化，最佳点火提前角相应改变。因此，必须随使用情况及时调整点火提前角。

5.4.4 发动机转速

在汽油机一定的油门开度下，随负荷的变化，转速相应变化。转速增加时，气缸中紊流增强，火焰传播速度加快。随转速增加，压缩过程所用时间缩短，散热及漏气损失减少，压缩终了工质的温度和压力较高，使以秒计的燃烧过程缩短。但缩短程度不如转速增加的比例大，使燃烧过程相当的曲轴转角增大，以曲轴转角计的着火延迟期增长。为此，汽油机装有离心提前调节装置，使得在转速增加时，自动增大点火提前角，以保证燃烧过程在上止点附近完成。

随转速增加，爆燃倾向减小。主要是转速的增加加快了火焰传播，使燃烧过程占用的时间缩短，未燃混合气受已燃部分压缩和热辐射作用减弱，不容易形成自燃点；转速增加，循环充气效率下降，残余废气相对增多，终燃混合气温度较低，对未燃部分的自燃起阻碍作用。因此，使用中若低速时发生爆燃，待转速提高后，爆燃倾向可自行消失。

5.4.5 发动机负荷

转速一定时，随负荷减小，进入气缸的新鲜混合气量减少，而残余废气量基本不变，使残余废气所占比例相对增加。残余废气对燃烧反应起阻碍作用，使燃烧速度减慢。为保证燃烧过程在上止点附近完成，需增大点火提前角，它靠真空提前点火装置来调节。图 5 - 8 示出发动机不同节气门开度时的示功图。

综上所述，发动机在高转速、低负荷时，应增大点火提前角。传统的真空和离心提前调节装置，只能随负荷和转速两个影响因素的变化对点火提前角作近似控制，不能实现点火提前角随多参数的变化的精确控制。近年来发展了微处理机控制的点火系统，如无分电器点火系统。该系统中，点火提前角的设置和随工况变化的自动调整，初级线圈的通断，都是由微处理机控制的。它可根据点火提前角随工况变化的规律（已事先存入机内），确定每一工况下的最佳点火时刻，实现精确控制。

发动机低转速大负荷时易爆燃。在进行发动机点火提前角调整时，可采用下述步骤：发动机怠速运转状态下，突然将油门开至最大，发动机自由加速，若能听到轻微的爆燃声，则点火提前角调整合适。随着电子技术的发展，出现了微处理机控制的防爆燃控制系统。它可以根据爆燃信号，自动调

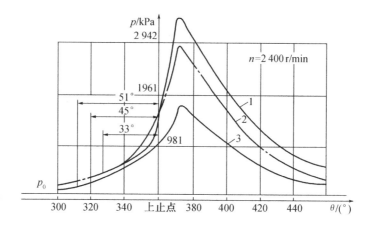

图 5-8　发动机不同节气门开度的示功图
1. 100% 开度；2. 40% 开度；3. 20% 开度

整点火提前角，使爆燃限制在很轻微的限度之内。使用该系统，可在使用不同牌号汽油时省去调整点火系、供油系的麻烦，汽油机的压缩比可适当提高。同时使热效率提高。

5.4.6　冷却水温度

发动机冷却水温度应控制在 80~90 ℃ 范围内。水温过高、过低均影响混合气的燃烧和发动机的正常使用。

冷却水温度过高时，会使燃烧室壁及缸壁过热，爆燃及表面点火倾向增加。同时，进入气缸的混合气因温度升高、密度下降、充量减少，使发动机动力性、经济性下降。所以，在使用维护中，应注意及时清除水道内的水垢，使水流畅通；注意利用百叶窗调整发动机冷却水温度；经常检查水温表、节温器等装置，使其工作正常。

冷却水温度过低时，传给冷却水热量增多，发动机热效率降低，功率下降，耗油率增加；润滑油黏度增大，流动性差，润滑效果变差，摩擦损失及机件磨损加剧；容易使燃烧中的酸根和水蒸气结合成酸类物质，使气缸腐蚀磨损增加；燃烧不良易形成积炭；不完全燃烧现象严重，使排放污染增多。因此，使用中应注意控制好冷却水温，水温不能太低。

5.4.7　压缩比

提高压缩比，可提高压缩行程终了工质的温度、压力，加快火焰传播速度。选择合适的点火提前角，可使燃烧在更小的容积下进行，使燃烧终了的温度、压力高。且燃气膨胀充分，热转变为功的量多，热效率提高，发动机功率、扭矩大，有效耗油率降低。

压缩比提高后，会增加未燃混合气自燃的倾向，容易产生爆燃。为此，要求改善燃烧室的设计，并提高汽油的辛烷值。如果压缩比超过 10 以上，热效率提高程度减慢，机件的机械负荷过大，排放污染严重。因此，应选择合适的压缩比。

5.4.8 气缸直径

气缸直径增大，火焰传播距离长，从火焰中心形成到火焰传播至末端混合气的时间增长；直径加大，面容比减小，传给冷却水的热量减少，爆燃的倾向增加。通常汽油机直径在 100 mm 以下。此外，适当布置火花塞位置，或采用多火花塞，可以缩短火焰传播距离，减少爆燃倾向。

5.4.9 气缸盖、活塞材料及燃烧室积炭

铝合金比铸铁导热性好。气缸盖、活塞采用铝合金材料，可使燃烧室表面温度降低，热负荷明显减小，降低爆燃倾向。

在发动机工作过程中，如果燃烧不完全的燃油和窜入燃烧室的机油，在氧气和高温作用下，凝聚在燃烧室壁面及活塞顶部，就会形成积炭。积炭不易传热，温度较高，对混合气有加热作用，并且积炭所占体积减小了燃烧室容积，从而使压缩比有所提高。这些都使爆燃倾向增加。积炭表面温度很高，易引起表面点火。因此，使用中应注意及时清除积炭。

5.5 汽油机的燃烧室

燃烧室的结构布置，对汽油机的工作过程、动力性和经济性有很大影响。

5.5.1 燃烧室的布置

5.5.1.1 燃烧室结构紧凑

紧凑性用面容比和火焰传播距离来衡量。面容比小，结构紧凑，散热损失少，热效率高，火焰传播距离短，爆燃趋势减弱。

5.5.1.2 组织合适的涡流运动

燃烧室内混合气的涡流运动，可以提高工质流动和火焰传播速度，缩短

燃烧时间，减小爆燃倾向。

5.5.1.3 适当的火花塞位置

火花塞的位置应使火焰传播的距离尽量短，尽量置于中心且靠近排气门。因为排气门在燃烧室内为一个热点，易形成爆燃中心。火花塞电极应能够受到进气冷却，并及时清除电极附近的燃烧产物。

5.5.1.4 合理的燃烧室形状

选择合适的燃烧室形状，使末端混合气有较强的冷却能力，以减少爆燃；同时兼顾排放污染较低原则。

5.5.1.5 充气效率高

进气道的布置尽量减小进气阻力，提高充气效率。燃烧室的形状应考虑允许有较大的进排气门直径，进气道尽量转弯少。

5.5.2 典型燃烧室

5.5.2.1 楔形燃烧室

图 5-9 为楔形燃烧室结构图。它的特点是：结构紧凑，火焰传播距离短、能形成挤气涡流，对末端混合气冷却作用较强，使爆燃倾向减小，可采用较高的压缩比。气门斜置（6°～30°），有利于增大气门直径，气道转弯少，进气阻力小，提高了充气性能。火花塞布置在楔形高处，便于利用新气清除火花塞附近的废气，保证低速低负荷性能良好。但由于挤气面积内熄火区较大，HC 排量较多。混合气过于集中于火花塞处，燃烧初期压力升高率较大，工作粗暴，NO_x 排放较高。楔形燃烧室具有较高的动力性和经济性。

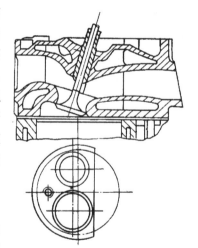

图 5-9 楔形燃烧室

5.5.2.2 浴盆形燃烧室

图 5-10 为浴盆形燃烧室结构图。它的特点是：形状像椭圆形浴盆。挤气面积比楔形小，挤气气流效果较差，且气门尺寸受限制。燃烧室面容比较大，火焰传播距离较长，不利于采用高压缩比，且燃烧时间较长，压力升高率较低，动力性、经济性不高，HC 排放较多，但 NO_x 排放较少。制造工艺好，便于维修。

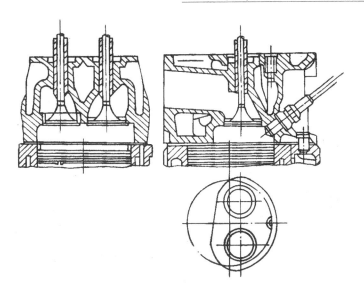

图 5 – 10 浴盆形燃烧室

5.5.2.3 半球形燃烧室

图 5 – 11 为发动机半球形燃烧室结构图。它的特点是：形状呈半球形，结构紧凑。与前两种相比，面容比最小，加之火花塞布置于燃烧室中央，火焰传播距离最短。进排气门均斜置，允许较大气门直径。进气道转弯少，充气效率高。火花塞附近容积较大，易使压力升高率大，工作粗暴。气门双行排列，使配气机构复杂。这种燃烧室没有挤气面，压缩时涡流较弱，低速、低负荷稳定性差，低速大负荷时易发生爆燃。

总之，半球形燃烧室动力性、经济性好，HC 排放量少，高速适应性强。

5.5.3 其他类型燃烧系统

5.5.3.1 火球高压缩比燃烧室

如图 5 – 12 所示，缸盖上凹入的排气门下方为火球燃烧室。它直径小，形状紧凑，有一定挤气面积，能形成挤气紊流。进气门下方容积较小，通过一浅槽与燃烧室连通。压缩过程，部分进入进气门下方的混合气，通过浅槽切向进入燃烧室，产生涡流运动。当活塞下行时，燃气以高速形成反流，使燃烧速度大大加快。与普通燃烧系统相比，允许使用高压缩比而不引起表面点火或爆燃，耗油率低，排放污染少，可燃烧稀薄均匀混合气，空燃比为 19 ～ 26。

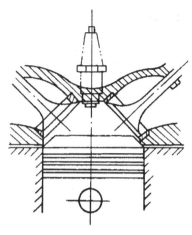

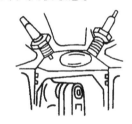

图 5 - 11　半球形燃烧室

图 5 - 12　火球燃烧室

但火球燃烧室要求使用高辛烷值汽油，对缸内积炭较敏感。

5.5.3.2　双火花塞燃烧室

如图 5 - 13 所示，在半球形燃烧室中，距中心等距离布置两只火花塞（相距 1/2 直径），使火焰传播距离减小。这样可以适当推迟点火时间，提高了点火时混合气温度和压力，改善着火性能，燃烧持续时间变短，提高发动机性能。

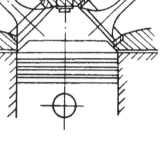

图 5 - 13　双火花塞燃烧室

5.5.3.3　CVCC 分层燃烧系统

本田分层燃烧系统 CVCC 如图 5 - 14 所示。燃烧室分成主燃烧室和副燃烧室两部分。

副燃烧室内装有辅助进气门和火花塞，室内有 5 个火焰孔与主燃烧室相通。工作中，供给副燃烧室少量浓混合气（$A/F = 12.5 \sim 13.5$），主燃烧室供给稀混合气（$A/F = 20 \sim 21.5$），通过火焰孔适当混合，在副燃烧室内及火焰孔附近形成较浓的中间混合气层。点火后，副燃烧室混合气着火，并从火焰孔喷出火焰，点燃主燃烧室的可燃混合气。燃烧室内无强烈的紊流，因而燃烧缓慢，最高燃烧温度仅为 1 200 ℃左右，使 NO_x 生成量减少（NO_x 比一般汽油机排放量低 3 倍）。与其他燃烧室相比，CVCC 的主要优点是排放性能好。

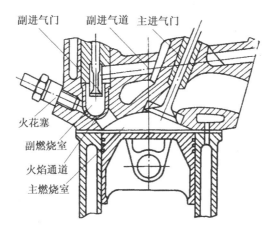

图 5 - 14 CVCC 燃烧系统

5.6 汽油喷射与控制

汽油喷射技术最早应用于飞机上，这一技术 20 世纪 50 年代之后开始，应用于汽车发动机中，70 年代以后得到了长足发展。目前，汽油喷射技术在轿车上的应用越来越广泛。

5.6.1 汽油喷射发动机混合气形成

汽油机喷射系统有两种喷射形式，即单点喷射和多点喷射。采用单点喷射系统的汽油机，与化油器式汽油机相比，性能改善不显著，而多点喷射系统的优点比较突出，因此，应用较广泛。

多点喷射系统喷油器设备如图 5 - 15 所示。燃油喷射在进气门背面，与空气混合，气门开启后，喷出的油束顺着空气流漂流，并进入气缸中气化，没有

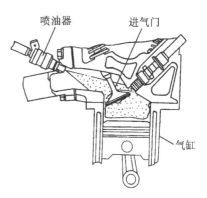

图 5 - 15 多点喷射系统喷油器设备

完全气化的油滴黏附在气缸壁上形成油膜。没有被空气带走的油滴，一部分在进气门上气化，其余部分则黏附在气缸壁上。这会使混合气不均匀，应尽量减少黏附的燃油。

由于喷油器与进气门的距离较近，响应特性较好，但燃油与空气混合时间短，使混合气也存在不均匀性。

汽油喷射发动机从较小负荷到较大负荷，其混合气分配状况较差。再增加负荷时，混合气分配状况有所改善。

总之，燃油喷射发动机总体上看具有较高的平均有效压力和较低的燃油消耗率，动力性经济性都较好，排放污染减少，加速性能好。

5.6.2 燃油喷射系统组成及控制方法

电控燃油喷射系统是利用电子控制单位（ECU 等），根据空气流量和转速的高低来决定基本喷油量。另外，ECU 还根据控制系统的传感器输送的信号，修正喷油量，随时调整油气的比例，使空燃比达到最佳工况要求。

各种电控燃油喷射系统，除对空气计量的方式不同外，其余部件基本相同。都是由供油系统、进气系统、控制系统、点火系统组成。

（1）供油系统汽油箱、汽油泵、滤油器、油压调节器、分配管、喷油器等。任务是供油、滤油、调压及喷油。

（2）进气系统空气滤清器、进气管、节气门、怠速旁通道等。任务是滤清、调节及分配。

（3）控制系统控制器、主继电器、各种传感器（空气流量计、水温传感器、空气温度传感器、节气门位置传感器、点火和喷油传感器、转速传感器、车速传感器、氧传感器、爆燃传感器等）和电元件，怠速空气调节器。有的还装有冷起动喷油器热时间开关和辅助空气阀等。任务是存储、接收传感器和电元件信号，计算并根据偏差值得出修正量，发指令，报警，记忆故障档案，输出故障码，快速自诊断，系统保护。

（4）点火系统。点火系统有分电器和无分电器式两种方式。两种都是利用计算机控制，点火和喷油为一体化网络系统。

复习思考题

1. 化油器式发动机混合气形成有何特点？

2. 汽油机燃烧过程各阶段有何特点？对燃烧过程各阶段有何要求？

3. 最高燃烧压力点的位置对汽油机性能有何影响？

4. 何谓汽油机不规则燃烧，原因及改善措施是什么？

5. 汽油机爆燃及表面点火产生的原因及危害是什么？防止不正常燃烧的措施是什么？

6. 为什么说汽油机在低速、大负荷时易发生爆燃？

7. 发动机压缩比对其性能有何影响?

8. 分析过量空气系数及点火提前角对燃烧过程的影响。

9. 不同结构燃烧室各有何特点? 对燃烧过程有何影响?

10. 汽油喷射式发动机混合气形成有何特点? 汽油喷射方式有几种?

11. 试述电子控制汽油喷射的基本原理。

12. 电子控制汽油喷射系统由哪几部分组成?

6 柴油机混合气形成和燃烧

6.1 柴油机混合气形成与燃烧室

6.1.1 柴油机混合气形成特点与方式

6.1.1.1 混合气形成特点

柴油黏度大，不易挥发，必须借助喷油设备，将其在接近压缩行程终了时，通过高压喷出的细小油滴进入气缸，与高温高压的热空气混合，经过一系列物理化学准备，然后着火燃烧。

柴油机混合气的形成时间极短，直接喷入气缸的燃油难与空气良好混合，形成的混合气不均匀。而且喷油与燃烧重叠，存在边燃烧、边喷油、边混合的情况，因此，混合气形成过程很复杂。

柴油机混合气形成品质与燃烧室结构和气缸中的空气运动关系密切。

6.1.1.2 混合气形成方式

（1）空间雾化混合。将燃油喷向燃烧室空间，形成空间雾化油滴，并从高温空气中吸热蒸发、扩散，与空气形成混合气。为了使混合均匀，要求喷雾要细碎，喷注射程和形状与燃烧室相匹配，燃烧室内有一定的空气运动。采用多孔喷油器形成多处喷注，并组织气缸内的涡流运动，以增加燃油与空气混合的机会，如图 6－1 所示。

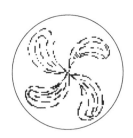

图 6－1 空气运动对混合气形成的影响

喷注着火后，旋转的气流将燃烧产物吹走，并及时向未燃烧完的油滴提供新鲜空气，提高空气利用率，加速混合气的形成和燃烧。

必须指出，气缸内的涡流运动并非越强越好。涡流过强，会使燃烧产物与相邻的喷注重叠，从而影响燃烧，同时使进气阻力加大，充气系数下降。

（2）油膜蒸发混合。将大部分燃油喷涂到燃烧室壁面上，形成一层油膜，油膜受热蒸发气化，在燃烧室中强烈的涡流作用下，燃油蒸气与空气形成较均匀的可燃混合气。

通常车用柴油机在工作中，两种混合方式兼而有之，只是以其中一种方式为主要方式。

6.1.2 柴油机燃烧室

燃烧室的造型和喷油器的布置确定了混合气的形成方式。根据这两个特征，柴油机的燃烧室基本上分为两类，直接喷射式燃烧室和分开式燃烧室。

6.1.2.1 直接喷射式燃烧室

燃烧室布置在活塞顶与缸盖之间形成的统一空间内，燃油直接喷入这一空间，进行混合和燃烧。车用柴油机常用的半开式燃烧室和球形燃烧室属于这类燃烧室。

（1）ω形燃烧室。如图 6-2 所示，燃烧室的断面形状呈 ω 形。这种燃烧室的混合气形成是以空间雾化混合为主，燃油从多孔喷嘴喷出，大部分喷到燃烧室空间，并组织一定强度的进气涡流及挤气涡流，以加速混合气的形成。喷注的射程、燃烧室空间和涡流强度要良好配合，如喷注射程较大而进气涡流较弱时，就会有相当多的燃油喷到燃烧室壁上；如果喷注射程较小而进气涡流较强，喷注燃油在燃烧室中的分布过于集中，这些对加速形成混合气都有影响。

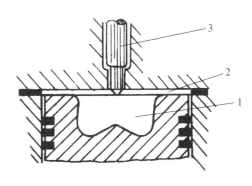

图6-2 ω形燃烧室
1. 燃烧室；2. 余隙空间；3. 喷油器

主要特点：结构简单、面容比小，能形成挤气涡流，相对散热少，经济性好，冷起动容易。但涡流强度对转速比较敏感，难以兼顾高、低速时的性能，充气效率相对较低，工作粗暴。对喷油系统要求较高，排放污染较大。

（2）球形燃烧室。球形油膜燃烧室如图 6-3 所示。在活塞顶上挖一较深的呈球形的凹坑，采用单孔或双孔喷嘴，一般均配有螺旋进气道产生强进气涡流（图 6-4）。

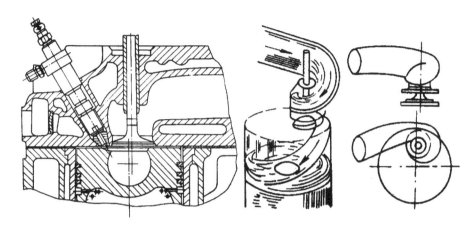

图 6-3　球形燃烧室　　　　　　　　图 6-4　螺旋进气道

这种燃烧室混合气的形成是以油膜蒸发混合的方式（或称 M 过程）进行的，将大部分燃油顺涡流方向喷到燃烧室壁面上，在涡流的作用下，燃油均匀地涂在燃烧室壁上，形成一层很薄的油膜，只有一小部分从喷注中分散出来的燃油，以雾状分散在燃烧室空间，在高温空气中着火，形成火源，然后靠此火源点燃从壁面已蒸发出来并和空气混合的混合气。随着燃烧进行，产生大量热，辐射在油膜上，使油膜加速蒸发，不断地与高速旋转的气流混合，达到迅速燃烧。

主要特点：燃烧室面容比小，对外传热相对较少，经济性好。

由于大部分燃油喷到燃烧室内温度较低的室壁上，因而滞燃期内形成的混合气数量较少，燃烧初期放热低，平均压力升高率较小，工作柔和，噪声较小。着火后的高温燃气使油膜蒸发加快，同时避免大量油滴被高温空气包围，因而冒烟少。对燃油的品质及雾化质量要求较低。

（3）紊流型燃烧室　这种燃烧室的空气运动好，着火延迟期短、压力升高率不高，燃烧比较完全。排气污染小，油耗曲线平坦。

①挤流口式燃烧室。如图 6-5 所示，燃烧室缩口较小，有强的挤流和逆流，大多采用多孔喷油嘴，为空间混合或空间混合与油膜结合。当推迟喷油时，能降低噪声和 NO_x，烟度也有所改善，但燃烧过程也推迟。这种燃烧室的缸盖、活塞的热负荷高，喉口边缘容易烧损，喷孔易堵塞，高速经济性恶化，工艺条件要求高。

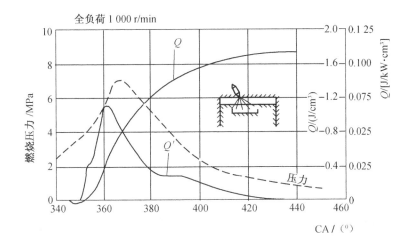

图 6-5　挤流口式燃烧室

②微涡流（图 6-6）、花瓣形燃烧室（图 6-7）。这类燃烧室采用一定强度的进气涡流和挤流，再配以特殊形状的燃烧室，使燃烧室内除了大涡流外，各处还充满微涡流，使空气运动十分充分，从而加快了混合和燃烧速度。

如微涡流燃烧室，进气涡流在燃烧室上部和下部产生大涡流 A 和 C，在四角部分产生小涡流。小涡流的旋转方向与大涡流相反，因而在边界处产生速度差，R/R_o 越大，大涡流强度越大，小涡流强度越小。尖角处的涡流极不稳定，形成后很快被主流带走，在主流中成为扰动核心。此外，在燃烧室的纵剖面上，四角形凹坑与圆形凹坑的交界面上，一方面燃烧室底部的气流旋转速度高，另一方面，燃烧室上部气流旋转受到四角形的阻碍，使旋转速度下降，因而在交界面上也存在着气流速度差。当油束对着交界面喷射时，最先通过低速大涡流区，然后通过紊流区，最后到达下部的高速大涡流区，由于油束直接喷向交界面，所以通过紊流区的时间最长，油气混合最好。但由于燃烧室有缩口或边角、凹凸，会增加气流运动阻力，因此也增加了损失。另外，缩口处的热负荷较高，容易开裂或烧蚀。

6.1.2.2　分开式燃烧室

燃烧室被明显分成两部分：一部分在活塞顶面和气缸盖底面之间；另一部分在气缸盖内。两者以一条或数条通道相连接。分开式燃烧室有涡流燃烧室和预燃烧室等。

（1）预燃烧室。如图 6-8 所示，在气缸盖和活塞顶面间的空间构成主

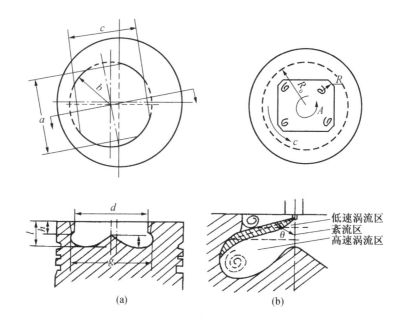

图6-6 微涡流（小松 MTCC）燃烧室

（a）结构示意图；（b）燃烧室内的空气运动

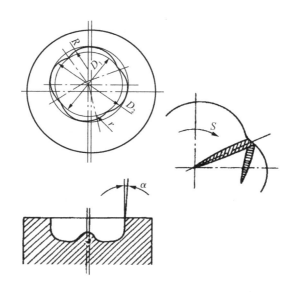

图6-7 花瓣形燃烧室

燃烧室4，在气缸盖内的一部分燃烧室构成预燃烧室1（副燃烧室）。燃油喷在预燃烧室中混合燃烧，利用压力差使燃气及未燃部分燃油一起喷入主燃烧室4，在主燃烧室迅速与空气混合，形成燃烧紊流。因此，缓燃期的燃烧迅速。

该系统对雾化质量要求不高，对转速变化、燃料品质不敏感。由于主副室通道的节流作用，控制了燃烧速度，因此，工作柔和、平稳、噪声低。但是，散热损失较大，冷起动时需要启动电热塞。流动阻力大，热效率低，低速时噪声增大。

（2）涡流燃烧室。如图6-9所示，在气缸盖与活塞顶之间的空间，构成主燃烧室5，在气缸盖内的一部分呈球形、半球形或座钟形，构成涡流室。它与主燃烧室之间相连通。由于通道4与涡流室相切或相割，在压缩行程，空气经过通道进入涡流室中，形成强烈的有组织的涡流。燃油喷入涡流室内，着火后，涡流运动将浓的、尚未燃烧的混合气压向主燃烧室5，由活塞顶部的凹槽产生的二次涡流，可以改善混合气和燃烧。

该系统对雾化质量要求不高，不需要进气涡流，因而充气效率可以提高。对转速变化不敏感，空燃比可较小，空气利用率高。工作平稳、柔和、排放污染低。但是，散热损失较大，流动损失较大，热效率低，冷起动困难。

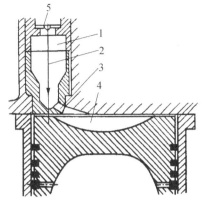

图6-8 预燃烧室
1. 预燃烧室；2. 油束；3. 通道；
4. 主燃烧室；5. 喷油器

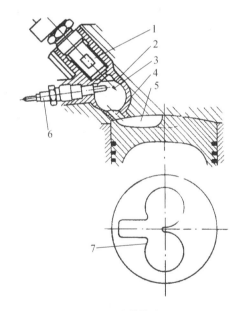

图6-9 涡流燃烧室
1. 喷油器；2. 副燃烧室；3. 油束；
4. 通道；5. 主燃烧室；6. 预热塞
喷油器；7. 气流运动轨迹

分开式燃烧室适用于小型、高速柴油机。其燃烧速度比直喷式柴油机慢，运转比较平静。但因其热量和流动损耗使热效率降低。为了追求较高的热效率，轿车用柴油机向直喷式燃烧室发展。

6.2 柴油机的喷射与雾化

6.2.1 燃油喷射过程

燃油在喷油泵中受到压缩，提高压力，最终经喷油器孔喷油的过程，称为燃油喷射过程。燃油喷射过程持续时间较短，只占曲轴转角 15°~35°，喷射的最高压力为 10~100 MPa。燃油在高压和短时供油的情况下，不再是不可压缩的流体。由于高压油管的弹性变形，使喷射过程不再是稳定过程，系统中出现压力波动现象。

如图 6-10 所示，当柱塞关闭进油孔时（称油泵供油始点），泵室内燃油被压缩，燃油压力开始升高，直到油压升高超过高压油管中残余压力及出油阀弹簧压力后，燃油才进入高压油管中。由于压力波的传播需要一定时间，因此喷油器的压力相对于供油开始时间滞后。当喷油嘴处的压力超过开启压力时，针阀打开，燃油被喷入气缸。针阀打开后，部分燃油喷入气缸，喷油器端压力暂时下降。泵端因柱塞继续压油，压力还在升高。当柱塞斜槽打开回油孔时，最初开度小，因节流作用，泵端压力并不立刻下降。回油孔开大后，泵端压力才急剧下降，出油阀关闭。因出油阀减压环带的作用，使高压油管压力迅速下降，但喷油器端压力下降滞后于泵端压力下降。当压力降低使针阀关闭时，便停止喷油。但高压油管中仍存在着压力波动。

6.2.2 喷油规律

单位时间（或曲轴转角）的喷油量，即喷油速度随时间（或曲轴转角）的变化关系，称为喷油规律。单位为（mm^3/s）或（$mm^3/CA°$）。

喷油规律取决于喷油泵、喷油器内有关零部件，以及高压油管等整个喷油系统的结构参数和调整参数。喷油规律对柴油机性能（曲轴转角和最高燃烧压力）有很大影响，为了实现平稳有效的燃烧，比较理想的喷油规律是"先缓后急"，即在滞燃期内喷入气缸的油量不宜过多，以控制速燃期的最高燃烧压力和平均压力升高率，保证柴油机平稳运转和较小的燃烧噪声；着火燃烧后，应以较高的喷油速率将燃油喷入气缸，停油时应干脆迅速，喷油延迟角不宜过大。目前，柴油机的燃烧过程尽量在上止点附近进行，以获得良好的性能。图 6-11 所示为几种典型喷油规律图。

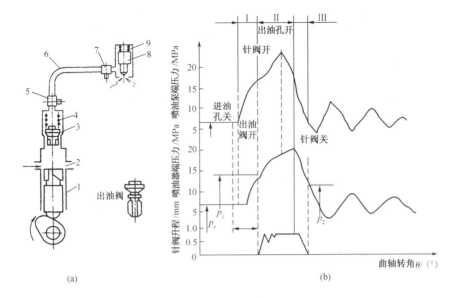

图 6 - 10　燃油的喷射过程

（a）柱塞式喷油泵简图；（b）喷射过程压力随曲轴转角变化曲线

1. 喷油泵柱塞偶件；2. 回油孔；3. 出油阀；4. 出油阀弹簧；5，7. 压力传感器；

6. 高压油管；8. 针阀；9. 针阀弹簧；p_1. 针阀开启压力；p_2. 针阀终止压力；

p_r. 高压油管残余压力；Ⅰ. 喷油延迟阶段；Ⅱ. 主喷射阶段；Ⅲ. 滴漏阶段

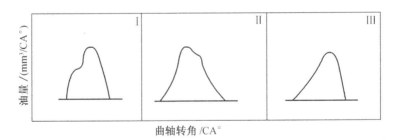

图 6 - 11　几种喷油规律类型

Ⅰ. 喷油速率大；Ⅱ. 喷油先急后缓；Ⅲ. 喷油先缓后急

　　Ⅰ——采用高速凸轮，喷油速率大，曲线变化陡，喷油延续时间短，柴油机经济性和动力性好，但工作粗暴、噪声大。

　　Ⅱ——开始喷油速率较大，曲线上升陡，柴油机工作粗暴；而后曲线下降平缓，后喷速率小，喷油延续时间长，使燃烧时间拖长，补燃多，性能不好。

Ⅲ——开始喷油速率较低，曲线变化平缓，柴油机工作柔和；接着加大喷油速率，使喷油总体时间不长，保证燃烧效率，效果较好。

6.2.3 不正常喷射

若燃油系统参数选择不当，可能会产生各种不规则喷射，使柴油机经济性下降，排放污染严重，机件损坏等。

6.2.3.1 二次喷射

二次喷射是主喷射结束，针阀落座后，在过大的反射波作用下，针阀再次升起喷油的一种不正常现象。二次喷射将使整个喷射时间拉长，过后燃烧严重，排气冒烟，经济性下降，热负荷增加。所以应力求消除二次喷射。

减小喷油泵停止供油后高压油管中柴油的压力波动是关键措施。通常采用下述办法：

（1）减少高压油路中的容积（减小高压油管的长度或内径；减小出油阀接头内容积），增加高压油管的刚度，从而减小压力波动。

（2）适当加大喷油器的喷孔直径，降低高压油管中柴油的平均压力。但喷孔直径过大会影响雾化质量。

（3）适当加大出油阀的减压容积，使供油结束时，高压油路中的柴油压力迅速下降到不至于冲开针阀。但是，出油阀减压作用过度，则可能使高压油管中局部出现真空，产生气泡、穴蚀。

6.2.3.2 气泡、穴蚀

当油管中压力局部发生突降，低于相应温度的饱和蒸气压以下时，就会产生气泡。气泡在波动的压力作用下，当压力值超过某一程度，气泡就会破裂。这时油管局部压力急剧上升，气泡连续产生和破裂，会引起高压油管中油压在主喷射后的高频波动。压力波峰反复作用，会损坏金属表面，产生剥落现象，即穴蚀。因此说穴蚀是由气泡的产生和破裂引起的，但有气泡并不一定会产生穴蚀。

气泡的可压缩性，还会造成供油不稳定。但完全消除气泡是很困难的，一般采取控制气泡破裂引起的峰值压力的办法，常采用阻尼出油阀或等压出油阀。

6.2.3.3 滴油

在正常喷射结束后，如断油不干脆，仍有少量柴油滴出，称为滴油。

滴油的产生，一种是针阀偶件座面密封性差的原因，另一种是由于针阀关闭速度慢引起。滴油是在压力很低、柴油不能雾化的条件下产生，但柴油积聚在喷孔处受高温作用而形成结炭堵塞喷孔，影响柴油机的正常工作，也应予以消除。

如属于针阀偶件座面密封性差而引起，这是由于零件制造质量问题，可以更换针阀偶件。如属于针阀关闭过慢引起，则与燃油系统的匹配有关，这属于不正常喷射的一种。通常采用加大调压弹簧预紧力、增加调压弹簧刚度、减小针阀升程、减小针阀直径、增加出油阀减压容积、加强高压系统内减压作用等措施，可在一定程度上有消除滴油作用。

6.2.4 燃油的喷雾特性

燃油经喷孔喷出时，在气缸中被破碎成微粒的过程，称为燃油的喷雾或雾化。将燃油喷射雾化，可以大大增加其表面积，加速混合气形成。例如 1 mL 的油，如果呈一个球体，直径为 12.4 mm，则表面积为 483 mm^2。如果雾化成直径为 40 μm 的均匀油滴，油滴总数为 3×10^7 个，其总面积为 1.5×10^5 mm^2。这样，由于雾化，表面积增加了310倍。

当燃油高速从喷孔喷出（喷出速度为 100～300 m/s）便形成如圆锥形状的喷注，也称油束。喷注在压缩空气中运动，由于空气阻力及高速流动时的内部扰动而被破碎成细小油滴。表示燃油喷注的简图见图 6-12。在油速的中心部分是油滴密集且具有很高速度的粗油滴，越向外围，油滴越细，速度越小。外部细小油滴最先蒸发并与空气形成混合气。

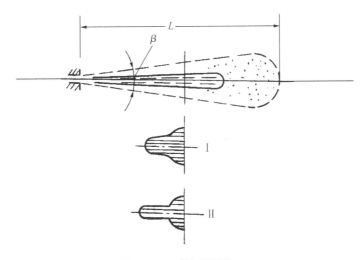

图 6-12 喷注的形状

I. 喷注横截面上燃油分布；II. 喷注横截面上的油粒速度；

L. 射程；β. 锥角

喷注本身的特性可以用以下基本参数表示。

6.2.4.1 喷注的射程（或贯穿距离）L

喷注的射程表示喷注前端在压缩空气中贯穿的深度。根据混合气形成方式对喷注射程 L 要求不同，它必须与燃烧室配合。如果燃烧室尺寸小而射程大，就会有较多的燃油喷到燃烧室壁上；反之如果射程太小，燃油不能分布到燃烧室空间，空气又得不到充分利用。

6.2.4.2 喷注锥角口

喷注锥角标志油束紧密程度，口大说明喷注松散、油滴细。它主要取决于喷孔尺寸和形状。

6.2.4.3 雾化质量（雾化特性）

雾化质量是表示燃油喷散雾化的程度，一般是指喷雾的细度和均匀度。细度可以用油注中油粒的平均直径表示。平均直径越小，喷雾越细。图 6 - 13 示出喷雾质量曲线。曲线越窄，越靠近纵坐标轴，表示油粒越细，越均匀。不同的燃烧室，对喷雾质量的要求不同。

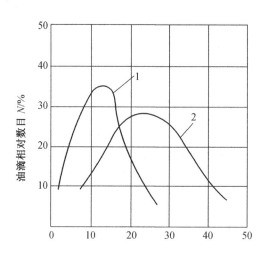

图 6 - 13 雾化特性曲线

1. 喷射压力为 34 MPa；2. 喷射压力为 15 MPa

6.3　柴油机的燃烧过程

6.3.1　燃烧过程

　　高速柴油机的燃烧过程如图 6-14 所示，可分为四个阶段：滞燃期、速燃期、缓燃期和后燃期。

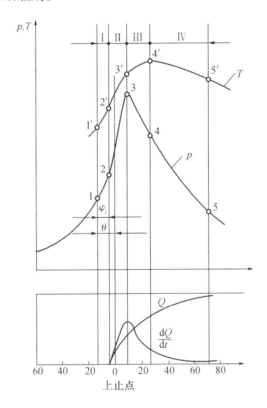

图 6-14　柴油机燃烧过程
1. 喷油开始；2. 着火开始；3. 最高压力；4. 最高温度；5. 燃料基本用完
Ⅰ. 滞燃期；Ⅱ. 速燃期；Ⅲ. 缓燃期；Ⅳ. 后燃期

6.3.1.1　滞燃期（着火延迟期）

　　滞燃期是从开始喷油瞬时到开始着火瞬时的一段时间，用毫秒或曲轴转角表示。

　　在滞燃期（图 6-14 中Ⅰ期）中，柴油尚未着火，仅进行着火前的物理化学准备，其循环放热很小，可忽略不计，缸内气体压力和温度变化仍取决于压缩行程。

6.3.1.2　速燃期（图6-14中Ⅱ）

速燃期是从气缸内着火开始，到出现最高燃烧压力时为止的一段时间，以曲轴转角表示。

混合气着火后，形成多点火焰中心，各自向四周传播，使混合气迅速燃烧，放出大量的热。速燃期内，燃烧在上止点附近完成，气缸容积变化小，接近于定容燃烧。燃烧速度快，缸内压力急剧升高。

通常用压力升高率来衡量燃烧过程的快慢：

$$\frac{\Delta P}{\Delta \theta} = \frac{P_3 - P_2}{\theta_3 - \theta_2}$$

一般要求压力升高率不超过400~600 kPa/CA°，否则，燃烧噪声增大，NO_x增加，运动件受冲击负荷增加，运转不平稳。但压力升高率太小，则热效率降低。所以，柴油机的燃烧系统要兼顾热效率、噪声和排放几个方面。

6.3.1.3　缓燃期（图6-14中Ⅲ）

缓燃期是从气缸内出现最高压力起，到出现最高温度时为止的一段时间，以曲轴转角表示。

在此期间，虽然喷油过程已结束，但一部分尚未形成混合气的燃油及着火后喷入的部分燃油与空气混合并燃烧，使气温升高到最大值。但由于是在气缸容积加速增大的情况下进行的，因此气缸内气体压力保持不变或稍有下降。

在缓燃期中，燃烧产物不断增多，氧气及柴油浓度不断下降，所以缓燃期的后期，燃烧速度显著减慢。

缓燃期结束时，放热率为70%~80%，大量的废气有害物质基本生成。

6.3.1.4　后燃期（图6-14中Ⅳ）

后燃期是从气缸内出现最高燃烧温度起，到燃烧基本结束为止的一段时间，以曲轴转角表示。

由于柴油机的燃烧时间短，混合气又不均匀，因此燃烧速度受到限制，燃烧时间拖长。后燃期中，气缸内容积增大很多，缸内压力和温度迅速下降，燃烧速度很慢，所放出的热量很难有效利用。反而使零件热负荷增大，排气温度升高，易使发动机过热。因此，后燃期应尽量缩短。

6.3.2　燃烧过程存在的问题

6.3.2.1　混合气形成困难及燃烧不完全

柴油机形成混合气时间短，燃烧非均质混合气，因此，燃烧时缸内情况异常复杂。缸内空气和燃油混合极不均匀，使一部分燃油在高温缺氧条件下不能完全燃烧，致使排气冒烟，经济性下降。为了保证燃油燃烧完全，柴油机均采用提高过量空气系数和组织气缸内气体运动的办法，充分利用有效容积内的空气，形成良好的混合气。

6.3.2.2　燃烧噪声

由于柴油机的压缩比高，滞燃期内形成的混合气又几乎同时燃烧，接近定容过程。急剧升高的压力，直接使燃烧室壁面及活塞、曲轴等机件受冲击，产生强烈振动，并通过气缸壁传到外部，从而形成燃烧噪声。

燃烧噪声与平均压力升高率有密切关系。平均压力升高率值超过 400 ~ 600 kPa/CA°时，燃烧噪声将增大，并且伴有粗暴工作带来的强烈振动声。

平均压力升高率的大小，主要与滞燃期内形成的可燃混合气数量有关。滞燃期长，形成的可燃混合气数量多，速燃期内平均压力升高率就高，柴油机工作粗暴，燃烧噪声大，机械负荷增大。因此，缩短滞燃期，减少滞燃期的喷油量，抑制滞燃期中混合气的形成，是减轻噪声的主要途径。

6.3.2.3　排气冒烟

柴油机排气中的碳烟不仅降低了经济性，而且污染大气。

碳烟的形成是燃油在高温缺氧条件下燃烧所致。速燃期内喷入气缸的柴油，受到高温燃气的包围，一部分裂解、聚合成碳粒。一般情况下，碳粒能在随后的燃烧中遇到氧而完全燃烧。如果缸内缺氧，则碳粒不能被烧完而随废气排出，形成排气冒黑烟。在柴油机大负荷时，如汽车加速、爬坡时易发生。

碳烟的出现，不仅使柴油机经济性下降，同时碳粒附于燃烧室内壁成为积碳，引起活塞环卡住、气门咬死等故障。黑烟污染大气，妨碍视线，因此不允许柴油机长期在此状态下工作。减少黑烟的主要措施是：增大过量空气系数，改善混合气形成，如喷雾质量，适当增加空气涡流运动。

除黑烟外，柴油机有时还产生蓝烟和白烟。一般蓝烟、白烟是在寒冷时刚启动及低负荷运转时发生。此时气缸内温度低，燃烧不良，不同直径的柴油颗粒随废气排出，受到光线的反射，呈现不同颜色。白烟是由 0.6 ~ 1.0 μm 颗粒构成，而蓝烟是由 0.6 μm 以下的颗粒构成。一般柴油机暖车时，开始冒白烟，之后冒蓝烟，不久排气变为无色。

6.3.2.4 有害的废气成分

柴油机废气中的 NO_x，HC，CO 以及 SO_2 等均有害于人体，污染大气。表 6-1 为车用柴油机有害废气的大致范围。

表 6-1 车用柴油机有害废气最大浓度的大致范围

燃烧室形式	废气成分					
	NO_x （ $\times 10^{-6}$ ）	CO （ $\times 10^{-6}$ ）	$C_n H_m$ （ $\times 10^{-6}$ ）	$C_n H_m O$ （ $\times 10^{-6}$ ）	SO_2 （ $\times 10^{-6}$ ）	碳烟/ （ g/m^3 ）
直接喷射式	1 500 ~ 2 000	1 000 ~ 1 500	500 ~ 1 000	50 ~ 80	100 ~ 200	0.2 ~ 0.3
分隔室式	700 ~ 1 000	300 ~ 500	200 ~ 300	20 ~ 40	100 ~ 200	0.1 ~ 0.5

可见，NO_x 是柴油机废气中主要有害成分。其生成量取决于反应物 N_2，O_2，O，N 的浓度，反应进行时的温度，以及反应进行的时间长短。因此，为降低 NO_x 生成量，必须降低火焰高峰温度、缩短空气在高温下停留的时间，减少过量空气系数等。

HC 主要是未燃的燃料，裂解反应的碳氢化合物，以及少量氧化反应的中间产物（醛、酮等）。它们是由于混合气形成不良，燃烧组织得不完善、窜机油等原因引起。

CO 是燃油不完全燃烧时所产生的。主要是在局部缺氧或低温下形成。

6.4 影响燃烧过程的因素

6.4.1 燃油方面的因素

车用柴油均采用轻柴油。柴油的品质和使用性能的好坏。对燃烧有重要影响。

6.4.1.1 柴油的发火性

发火性是指柴油的自燃能力，用十六烷值表示。发火性好的柴油，使滞燃期缩短，柴油机工作柔和。但是，十六烷值过高，使燃油刚刚喷出喷孔就围绕喷油器燃烧，造成高温裂解，排气冒黑烟，经济性下降。车用柴油机十六烷值为 40 ~ 50。

6.4.1.2　柴油的蒸发性

柴油的蒸发性直接影响可燃混合气形成的速度，它对燃烧过程也有一定的影响。蒸发性用馏程表示。馏程低，其蒸发性好，这对改善燃烧有利。但是，馏程过低，燃料蒸发过快，则在滞燃期内形成的混合气量过多，柴油机工作粗暴。车用柴油机的柴油馏程为 300～365℃。

6.4.1.3　黏度

柴油的黏度决定其流动性。黏度低，流动性好，柴油从喷油器喷出时雾化性好。但黏度过低会失去必要的润滑能力，会加剧喷油泵和喷油器中精密偶件的磨损，增大精密运动副的漏油量。黏度过大，流动阻力大，滤清困难，喷雾不良。

6.4.1.4　凝点

柴油的凝点是指其失去流动性的温度。柴油在接近凝点时，由于流动性差，使供油困难，喷雾不良，柴油机无法正常工作。因此，凝点的高低是选择柴油的主要依据。

GB252—2000《轻柴油》标准中，对其质量水平只设一个档次。轻柴油按凝点分为 10 号、5 号、0 号、-10 号、-20 号、-35 号和 -50 号，共七个牌号，各牌号适用的工作范围见表 6-2。

表 6-2　轻柴油的选择

牌　号	应　用　范　围
10 号	适用于有预热设备的柴油机
5 号	适用于风险率为 10%，最低气温在 8 ℃ 以上的地区使用
0 号	适用于风险率为 10%，最低气温在 4 ℃ 以上的地区使用
-10 号	适用于风险率为 10%，最低气温在 -5 ℃ 以上的地区使用
-20 号	适用于风险率为 10%，最低气温在 -14 ℃ 以上的地区使用
-35 号	适用于风险率为 10%，最低气温在 -29 ℃ 以上的地区使用
-50 号	适用于风险率为 10%，最低气温在 -44 ℃ 以上的地区使用

6.4.2 结构方面的因素

6.4.2.1 压缩比的影响

压缩比较大时，压缩终点的温度和压力都比较高，使燃烧的滞燃期缩短而发动机工作比较柔和。不同压缩比对滞燃期的影响如图 6-15 所示。同时，压缩比的增大，还能提高发动机工作的经济性和改善启动性能。如果压缩比过高，燃烧最高压力会过分增大，使曲柄连杆机构承受过高的负荷，故影响发动机的使用寿命。

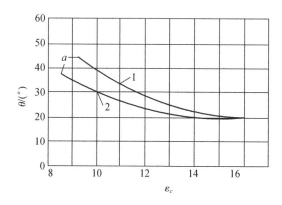

图 6-15 压缩比对燃烧滞燃期的影响

1. 十六烷值为 40；2. 十六烷值为 60；

a. 相当于着火必需的最低压缩比

6.4.2.2 喷油器结构的影响

（1）针阀升程和头部形状。针阀升程是喷油器的一个重要结构参数，其大小对柴油机工作性能及喷油嘴使用寿命都有一定影响。

针阀升程的大小应保证密封座面处有必要的流通截面。如果升程过小，则油流截面较小，喷油过程中座面节流损失严重，会使压力室内油压降低过多而影响喷雾质量。在同样的喷油量中，会使喷油延续时间增加，所以针阀升程应足够大，以保证一定的油流截面及尽可能小的流动阻力。但针阀升程过大，会使调压弹簧的应力幅增加，并将加大针阀上升时撞击支承面，以及关闭时对密封面的冲击载荷，引起磨损加剧，缩短使用寿命；同时升程过大，也会延迟针阀关闭时间，增加了燃气倒流，影响性能并能污染针阀偶件，容易引起喷嘴漏油、过热、积碳，以及针阀卡死等故障。因此在保证有足够的流通截面积的前提下，应尽可能减少针阀升程。

孔式油嘴针阀头部形状通常有单锥面和双锥面之分。单锥面见图 6 – 16 中虚线所示，这种结构在针阀升起时，针阀体 T 截面处，因环形面积较小，容易在这里产生截流。采用图 6 – 16 中实线所示双锥面结构，能使薄弱环节 T 截面处的流通截面得到改善。为减少节流损失，要求座面有足够的流通截面，T 截面处的流通截面 A_o 与喷孔截面 A_1 之比为 $A_1/A_o = 1.5 \sim 2.5$。

（2）压力室容积。针阀密封座面以下和喷孔以上的空间，称为压力室容积（图 6 – 17）。这部分容积的大小，对柴油机性能有一定的影响。因为在燃烧过程的后期，喷油器的针阀虽已关闭，但压力室内总储有一定量燃油，尤其是孔式油嘴，这部分燃油受高温影响而膨胀或蒸发，因而其中一部分柴油也会进入燃烧室。这部分燃油不是在高压下呈雾状喷入，而是以滴漏的形式流入燃烧室，因此不能与空气正常混合燃烧，这样不但使柴油机性能变坏，而且会产生更多不完全燃烧的 HC 及 CO 等排放污染物。同时易增加喷油器头部积碳现

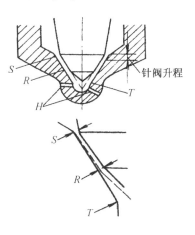

图 6 – 16　孔式喷油器针阀头部形

象。压力室容积越大，燃烧室中滴漏的柴油越多，有害物质排放越多。为了减小压力室容积，近年来出现了小压力室或无压力室的喷油器。

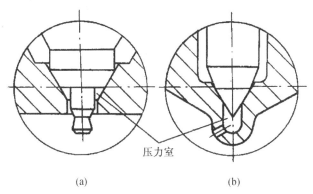

（a）　　　　　　　　　　　　　（b）

图 6 – 17　压力室容积

（a）轴针式喷油器；（b）孔式喷油器

（3）针阀开启压力、喷射压力和关闭压力。喷油器调压弹簧预紧力调定后，针阀开启压力基本上是定值；而喷射压力则在喷油延续期内，受喷油

器端压力室压力波的影响，是变值。

喷射压力大，能提高燃油雾化质量，有利于减轻柴油机高低速性能匹配矛盾，促进混合气形成，利于柴油机的燃烧。

提高针阀开启压力，虽然在一定程度上能提高喷射压力，但对非直喷式柴油机效果不明显。直喷式柴油机对开启压力较为敏感，开启压力有提高的趋势。而且适当提高针阀开启压力，能同时提高喷射压力，有利于改善直喷式柴油机低速性能。但过分追求高的开启压力，对柴油机性能改善收效不大，相反会给燃油系零件的可靠性和耐久性带来不良后果。喷油结束后，针阀关闭前，压力室内应保持一定压力。如果关闭压力太低，在针阀落座过程中，会因为喷射压力过低，使后期喷雾质量变差，在一定程度上影响燃烧过程或使燃气倒流。

6.4.2.3 活塞材料的影响

铸铁活塞与铝合金活塞相比，其温度较高，可以缩短滞燃期。因此，其他条件相同的柴油机，采用铸铁活塞时工作比较柔和。

6.4.2.4 喷油规律的影响

合理的喷油规律，必须与燃烧室合理配合，因而每种柴油机都按各自特点，有不同的喷油规律。尤其是直喷式燃烧室，其喷油规律对气缸内平均压力升高率有决定性影响。

图 6-18 示出了喷油规律对燃烧过程的影响。两种规律的喷油提前角及滞燃期均相同。曲线 1 所示为开始喷油很急，在滞燃期内喷入气缸的燃油较多，平均压力升高率和最高燃烧压力都较大，工作粗暴；曲线 2 所示为先缓后急的喷油规律，当喷射持续角不变时，燃烧比较柔和。

喷油规律取决于喷油泵凸轮外形、喷油器结构及调整等。

6.4.3 使用方面的因素

6.4.3.1 喷油提前角的影响

喷油提前角对燃烧性能有直接影响。但测量它比较困难，一般测量供油提前角。供油提前角与喷油提前角相差一个喷油滞后角。

喷油提前角主要影响平均压力升高率 $\frac{\Delta p}{\Delta \theta}$，最高燃烧压力 P_{max} 及发动机的燃油消耗率。喷油提前角偏大，使得燃油喷入气缸时，空气的压力和温度较低，着火延迟期较长，压力升高率和最高燃烧压力增大，导致柴油机工作粗暴。喷油提前角过大，使得柴油机冷起动和怠速时空气温度更低，导致起

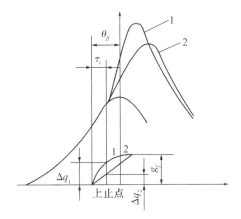

图6-18 喷油规律对燃烧过程的影响

g_f. 每循环喷油量；θ_{fj}. 喷油提前角；τ_i. 滞燃期

1. 开始喷油速率大；2. 喷油先缓后急

动困难，急速不良。喷油提前角过大，还会使压缩负功增大、功率下降、油耗增加。

喷油提前角过小，则燃油不能在上止点附近燃烧完毕，补燃增加，虽然$\dfrac{\Delta p}{\Delta \theta}$，$P_{max}$较低，但排气温度升高，废气带走的热量增加，散给冷却系的热量也增加，热效率明显下降。喷油提前角θ_{fj}对着火延迟角φ_i，$\dfrac{\Delta p}{\Delta \theta}$，$P_{max}$的影响见图6-19。

对于每一种运动情况，均有一个最佳喷油提前角。此时柴油机功率最大，燃油消耗率最小。正确的选择柴油机的喷油提前角，要根据柴油机的形式、转速、燃油消耗率、排放及噪声等，由试验确定。柴油机喷油提前角的范围是15°~35°曲轴转角。

喷油提前角对柴油各项性能的影响，其曲线走向通常并不一致。有利于提高经济性的提前角，往往对排放指标及噪声指标不一定是最佳。图6-20是英国里卡多公司（Ricardo & CO Engineers Ltd）所做的试验。该试验对缸径为90~140mm非增压直喷式柴油机，在全负荷下获得最佳经济性及最低排放指标时，求得的平均动态喷油定时。它表明：

（1）获得最低燃油消耗率的动态喷油提前角，随转速升高而增加，而最低NO_x，HC排放物时，所求得的动态喷油提前角则基本上不随转速变化。

（2）经济性最好所需的提前角，比NO_x，HC排放量最低所需的提前角

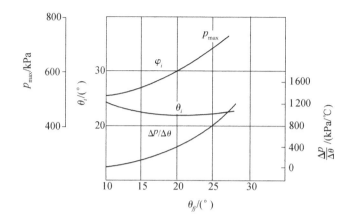

图 6 - 19   喷油提前角对燃烧的影响

θ_{fj}. 喷油提前角；φ_i. 着火延迟角

要大，即喷油始点早。因此，如要使排气中 NO_x，HC 量下降，必须减小喷油提前角，通常这样做将使经济性有所下降。

为此，对各项指标都有严格要求的柴油机，在选择最佳喷油提前角时，就不能只考虑经济性或排放指标，而应以获得良好的综合指标为准。

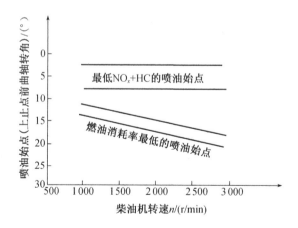

图 6 - 20   直喷式柴油机全负荷时动态喷油定时

6.4.3.2   转速的影响

转速升高时，由于散热损失和活塞环的漏气损失减小，使压缩终点的温度、压力增高；转速升高，也会使喷油压力提高，改善燃油的雾化。这些都

使以秒计的滞燃期 τ_i 缩短。如果以曲轴转角计，则滞燃期 $\theta_i = 6n\tau_i$。

一般来说，转速增加使空气涡流运动加强，利于燃料蒸发、雾化及空气混合。但转速高，由于充气系数下降和循环供油量的增加，且燃烧过程所占曲轴转角可能加大，因而热效率下降。转速过低，也会由于空气运动减弱，使热效率降低。

6.4.3.3 负荷的影响

当负荷增加时，循环供油量增加。由于转速不变，进入气缸的空气量基本不变，空气过量系数值相对变小，而气缸单位容积的混合气燃烧放热量增加，引起缸内温度上升，滞燃期缩短，工作柔和。但是，由于循环供油量增加，使喷油持续角增加，燃烧过程延长，并且不完全燃烧增加（φ_{al} 小），热效率降低。负荷过大，过量空气系数 φ_{al} 值过小，因空气不足。燃烧恶化，排气冒黑烟，柴油机经济性进一步下降。

当冷起动及怠速运转时，缸内温度低，润滑油黏度较大，柴油机的摩擦损失较大，尽管无负荷，但循环供油量却不能太小；而且因缸内温度低，滞燃期增长，致使平均压力升高率较大，产生强烈振声，即所谓"惰转噪声"。惰转噪声是在怠速或低速小负荷运转条件下产生的特殊现象，随着负荷加大，柴油机热状态正常后，惰转噪声会自行消失。

6.5 柴油机电控技术

柴油机的电控系统是在 20 世纪 70 年代发展起来的，现已在国外车用柴油机中得到普遍应用。电控燃油供给和喷射系统，是电控柴油机的核心部分。

6.5.1 电控供油系统

现代柴油机的机械式供油系统主要有两种形式：一种是泵 – 管 – 嘴系统；另一种是泵 – 喷油嘴系统。在此基础上发展起来的电控燃油喷射系统也可分为两种：一种是在直列泵或分配泵基础上，附加电控装置；另一种则是直接采用电控喷油器的方案。

6.5.1.1 电控的泵、管、嘴喷油系统

电控的泵、管、嘴喷油系统如图 6 – 21 所示。它是应用电子化的燃油管路原理和电磁溢流式喷射调节方法，并结合传统的泵、管、嘴系统的高压脉冲动力学而发展起来的数字控制式柴油机的喷射系统。

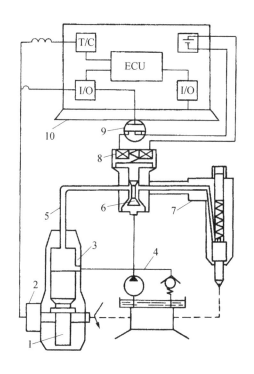

图 6-21　电控的泵、管、嘴喷油系统

1. 凸轮；2. 凸轮轴角度编码器；3. 油泵；4. 低压系统；5. 油管；6. 旁通溢流阀

7. 喷油器；8. 高速电磁铁；9. 功率开关电器；10. 电控单元

T/C. 调节器；I/O. 输入输出转换区；ECU. 电控单元

　　通过柴油机的喷油泵驱动凸轮，使柱塞压缩燃油，从而产生脉冲高压。这一脉冲压力波传到喷油器，顶开针阀。传统的德国博世公司生产的柱塞泵，由于机械式的调节，机构复杂，供油量、喷油定时调节的灵敏性较差，难以适应柴油机的性能优化。在电控泵－管－嘴系统中，仍然采用溢流原理来调节燃油喷射过程，但由齿条齿杆、柱塞斜槽和进回油孔组成的机械溢流方式，被高速、大功率电磁铁驱动的旁通式溢流阀所取代。电磁阀的闭合时刻，确定了供油定时；闭合时间长短，确定了供油量。在传统喷油泵中，柱塞同时起到建立油压和调节油量的作用。采用电磁阀溢流调节后，柱塞只承担供油加压功能，供油量调节则由电磁控制阀单独完成。因此，供油加压和供油量调节机构，在结构上可以相互独立，分开制作。这样，喷油泵的结构得以简化，强度提高，供油能力可以加强。电控燃油喷射柴油机油量调节的控制，是以微处理器为基础的。根据动力性、经济性、可靠性和排放性能等的要求，对柴油机进行优化和全面控制。微处理器接收各种传感器采集的信号后，通过电控单元 ECU 进行处理，并向各控制系统发出控制信号。其中最关键的是电磁阀的驱动信号。它能灵活地调整喷油定时、喷油量和喷油速率，从而实现油量调节、最大喷油量限制、动力性、经济性及排放性能的综合控制。

6.5.1.2　共轨式电控喷射系统

共轨式喷油系统又称为压力时间控制系统，分为高压共轨和中压共轨系统。中压共轨系统（即增压式共轨系统）又分为共轨蓄压式系统和共轨液压式系统。这两种系统喷油压力的形成原理相同（帕斯卡增压原理），只是所用的控制和待喷燃油的压力源不同。

（1）中压共轨系统。美国 BKM 公司的 Servojet 系统，是典型的中压共轨蓄压式电控喷油系统。如图 6－22 所示，系统主要由蓄压式喷油嘴、轴向柱塞燃油泵、数字式电磁阀、电子压力调节器、共轨式供油程序块和电控程序块组成。燃油泵为具有 7 个柱塞的固定斜盘式转子型轴向柱塞输油泵，能提供 2～10 MPa 的中压共轨燃油。

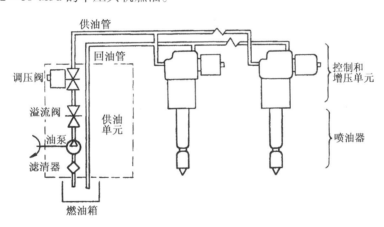

图 6－22　Servojet 系统示意图

电磁阀控制的蓄压式喷油器如图 6－23 所示，是系统中最重要的部件。当电磁阀关闭时，共轨内的燃油进入增压活塞上方，活塞下行。由于活塞与柱塞的直径比为 1∶15，因此活塞下行时，使蓄压室、喷油器针阀腔和针阀上方的油压为 100～150 MPa。当电磁阀打开时，增压活塞上方卸压，活塞上行，则针阀顶部的油压也降下来，而蓄压室中的高压油使针阀抬起，实现高压喷射。

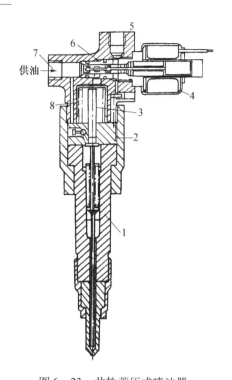

图 6-23 共轨蓄压式喷油器
1. 喷油嘴；2. 增压体；3. 高压柱塞；4. 电磁阀；5. 回油口；
6. 三通阀；7. 供油口；8. 低压活塞

喷油正时取决于电磁阀打开的时刻。喷油量取决于共轨中的油压。共轨管上设有电磁阀，根据工况要求，在 2～10 MPa 内调节共轨压力。系统的喷射压力和各缸油量分配，与发动机转速无关。系统的燃油计量方式为压力计量，计量过程与喷射过程分离。喷油始点由电磁阀控制，喷油终点、最高喷射压力、喷油量和喷油速率，均受共轨压力控制。由于电磁阀直接控制共轨压力为 10～20 MPa，仅在喷油器内增压，因此，避免了恒高压泄漏，对电磁阀要求较低。系统的缺点是每次喷射的只是喷油器蓄压室中的高压油，随着喷射压力逐步降低，喷射速率越来越小，喷油规律先急后缓，直到弹簧关闭针阀。在高压喷射时，过高的初始喷射速率，会使滞燃期内混合气的燃油量增加，预混合燃烧比例增大，柴油机工作粗暴，NO_x 排放增加。

（2）高压共轨系统。高压共轨系统主要由高压泵、带调压阀的共轨管、带电磁阀的喷油器和电控单元（ECU）组成。这种系统能够实现预喷射、后喷射，还可以实现三角形和靴形喷射。图 6-24 所示为日本电装（Nippondenso）公司的 ECD-U2 高压共轨系统。系统的高压油泵为 PCV

（油泵控制阀），控制 I 缸直列泵，凸轮为近似三角形，用来形成共轨压力和进行油量控制。通过压力传感器、ECU 和 PCV 组成的闭环形式来计量柱塞室的低压燃油量。高压油泵的供油定时，与燃油喷射同步，保证了共轨压力的稳定。系统消除了常规直列泵上，由于溢流而造成的高压燃油的浪费，减小了驱动功率消耗。

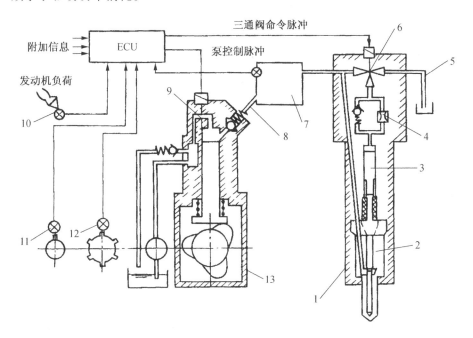

图 6 – 24 ECD – U2 系统示意图

1. 喷油器；2. 喷油嘴；3. 活塞；4. 量孔（单向）；5. 回油管；6. 三通阀；

7. 燃油压力传感器；8. 共轨管 ；9. 泵孔制阀；10. 发动机负荷传感器；

11. 气缸监测器；12. 发动机转速及凸轮转角传感器；13. 高压喷油泵

系统的喷油过程控制，是通过三通阀对喷油器控制腔中油压的控制实现的。如图 6 – 25 所示，当三通阀未被激励时，外阀在电磁力作用下克服弹簧力向上运动，直到内阀阀座关闭，外阀座开启，控制腔和回油通道接通，控制腔中的高压燃油经单向节流孔（OWO）缓慢流出，与液压活塞联锁的喷嘴针阀缓慢抬起，产生喷油率逐步增大的三角形喷射。喷嘴针阀达到全升程时，喷油率最大。供油结束时，切断三通阀电流，外阀再度下行，关闭回油道；内阀开启，共轨油压迅速加到液压活塞上方。由于液压活塞面积比针阀大得多，因此喷油结束时，较大的液压作用会使针阀迅速落座，实现快速断油。

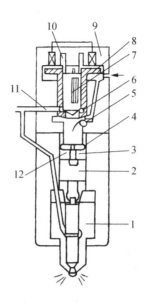

图 6 – 25　喷油器示意图

1. 喷油嘴；2. 液压活塞；3. 弹簧；4. 单向节流孔
5. 外阀座；6. 内阀座；7. 内阀；8. 外阀
9. 三通阀；10. 弹簧；11. 共轨管；12. 控制腔

6.5.2　电控柴油机其他控制项目

除了燃油系统外，电控柴油机还能控制以下项目：

（1）喷油量控制。根据柴油机转速和加速踏板开度、进气压力、进气温度等，控制最佳喷油量。

（2）喷油提前角控制。根据柴油机转速、油门开度、进气压力、水温等，控制最佳喷油提前角。

（3）怠速控制。按最佳喷油量控制怠速转速。

（4）怠速波动控制。按各缸间转速无波动偏差来控制每个气缸的喷油量。

（5）进气节流控制。为降低怠速时的振动、噪声和柴油机停车时的振动，控制进气量。

（6）废气再循环。为降低 NO_x 的排放，控制排气再循环工作区。

（7）电热塞控制。控制电热塞的通电时间，提高低温启动性、低温怠速稳定性。

（8）故障保险。若信号系统出现故障时，为保证运行，将信号控制在微处理器的标准值内，进行故障回避处理。

（9）诊断。诊断各系统的故障，并采取相应的措施。

（10）喷油量修正控制。对燃料特性、低温启动后和滑行时的喷油量进行修正。

复习思考题

1. 柴油机混合气形成特点及方式是怎样的？空气运动对柴油机混合气形成有何影响？

2. 柴油机混合气燃烧过程分为哪几个阶段？控制粗暴燃烧的主要措施是什么？

3. 何谓喷油规律？理想的喷油规律是怎样的？

4. 说明二次喷射、气泡穴蚀的原因、危害及消除措施。

5. 柴油机燃烧室基本上分为几类？各类燃烧室的混合气形成特点。

6. 喷油规律对燃烧过程有哪些影响？

7. 喷油提前角、负荷对燃烧过程有何影响？

8. 电控柴油机喷射系统有哪些类型？试分析各种典型电控喷射系统特点和工作原理。

7 发动机特性

车辆使用时，由于行驶速度与阻力不断变化，则发动机的转速和负荷亦相应变化，以适应车辆的需要。随着转速和负荷的改变，发动机工作过程也会发生变化。因此，发动机在不同使用条件下具有不同的动力性与经济性。

发动机性能指标随调整运转工况而变化的关系称为发动机特性。其中性能指标随调整情况变化的关系称调整特性；性能指标随运转工况变化的关系称性能特性。特性用曲线表示称为特性曲线。通过特性曲线可以分析在不同使用工况下，发动机特性变化的规律及影响因素，评价发动机性能，从而提出改善发动机性能的途径。

7.1 发动机负荷特性

负荷特性表示发动机在某一转速下，燃油经济性指标及其他参数随负荷变化的关系。

7.1.1 汽油机负荷特性

点火提前角最佳、燃油喷射系统及进气系统工作正常，或化油器调整完好情况下，保持汽油机转速一定，每小时燃油消耗量 B，燃油消耗率 b 随负荷（P_e，T_{tq} 或 p_{me}）而变化的关系，称为汽油机负荷特性。

汽油机的负荷调节方法称为"量调节"，即化油器式发动机通过改变节气门开度，改变进入气缸的混合气数量来适应负荷变化；汽油喷射式发动机所形成的混合气的混合比，按不同工况的空气量来计量喷油量，而进气管中的空气流量由节气门来控制，仍属于量调节。图 7-1 为某汽油机负荷特性。

7.1.1.1 每小时燃油消耗量曲线

汽油机转速一定时，每小时燃油消耗量 B 主要取决于节气门开度和混合气成分。由于汽油机的量调节方式，负荷变化时，节气门开度改变，又影响到混合气量的变化。汽油机除怠速工况外，从小负荷到中等负荷，随节气门开度变大，B 曲线呈线性变化，燃油消耗量逐渐增加；当节气门开至加浓装置参加工作后，B 曲线变陡，燃油消耗量上升较快。

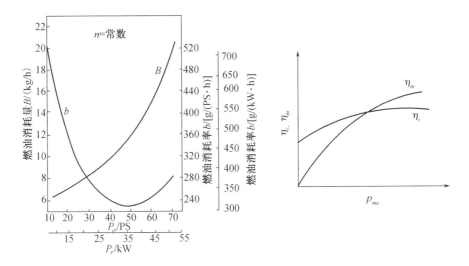

图 7 - 1　汽油机负荷特性

图 7 - 2　汽油机 η_i, η_m
随负荷的变化关系

7.1.1.2　有效燃油消耗率曲线

由式 $b = k_3 / \eta_i \eta_m$ 可知，燃油消耗率 b 的变化取决于 η_i 和 η_m。η_i 和 η_m 随负荷的变化如图 7 - 2 所示。转速一定，随负荷增加，节气门开度加大，残余废气相对减少，热负荷增加，从而改善了燃油雾化、混合条件，使燃烧速度加快，散热损失相对减少，η_i 增加。负荷增至大负荷，加浓装置工作，η_i 下降，η_m 随负荷的增加而迅速增加。原因是转速一定而负荷增加时，机械损失功率 p_m 变化不大，指示功率 P_i 成正比增加，使 $\eta_m = （1 - p_m / p_i）$ 增加。

当发动机空转（$p_e = 0$）时，指示功率完全用于克服机械损失，即 $p_i = p_m$，则 $\eta_m = 0$，所以耗油率 b 为无穷大。随负荷（节气门开度）增大，由于 η_i，η_m 同时上升，使耗油率曲线迅速下降。当 $\eta_i \eta_m$ 达到最大值，出现最低耗油率 b_{min} 后，随节气门逐渐增至全开，化油器加浓装置参加工作，供给最大功率混合气，燃烧不完全现象增加，η_i 下降，使耗油率又有所增加。

7.1.2　柴油机负荷特性

柴油机转速一定，每小时耗油量 B，有效燃料消耗率 b 随负荷（p_e，T_{tq} 或 p_{me}）而变化的关系称柴油机负荷特性。

转速一定时，进入气缸的空气量不变，改变负荷相应改变的是每循环供

油量 Δq，使混合气成分变化。因此，柴油机是通过改变混合气的过量空气系数来适应负荷的变化。其负荷调节方法称为"质调节"。图 7 – 3 为某柴油机负荷特性。

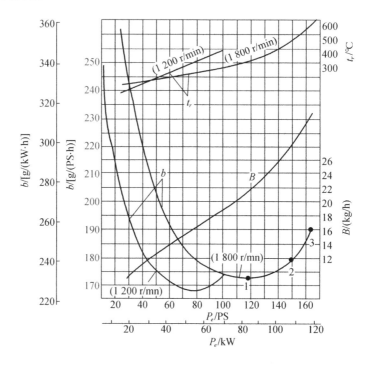

图 7 – 3　柴油机负荷特性

1. 油耗率最低点；2. 冒烟界限点；3. 极限功率点（无实用意义）

7.1.2.1　每小时燃油消耗量曲线

转速一定时，柴油机的每小时耗油量 B，主要决定于每循环供油量 Δq。随负荷增加，Δq 增加，B 随之增加。当负荷接近冒烟界限点 2 后，由于燃烧恶化，B 上升得更快一些。

7.1.2.2　有效燃油消耗率曲线

根据公式 $b = k_3 / \eta_i \eta_m$，柴油机有效燃油消耗率 b 随负荷的变化取决于 η_i 和 η_m。η_i，η_m 随负荷的变化如图 7 – 4 所示。与汽油机不同，随负荷增加，每循环供油量 Δq 增加，过量空气系数 α 减小，燃烧不完全程度增大，使 η_i 减小。大负荷时，混合气过浓，燃烧恶化，不完全燃烧及补燃增多，使 η_i 下降更快。η_m 随负荷增加而上升。

当 $p_e = 0$，$\eta_m = 0$ 时，耗油率 b 趋于无穷大。随负荷增加，由于 η_m 迅速

增加，且远大于 η_i 的减少，使 b 下降很快。当每循环供油量 Δq 增加到 1 点（图 7 – 3）位置时，b 最小。此后再增加负荷，由于 η_i 下降较 η_m 上升得多，使 b 又有所增加。当 Δq 增加到 2 点位置时，不完全燃烧现象显著增加，烟度急剧增大，达到国标规定的限值。2 点称冒烟界限。当循环供油量超过 2 点时，不仅燃料消耗量增大，排放污染严重，甚至影响发动机寿命。所以，柴油机的最大循环供油量应在标定转速下调整，使烟度不超过允许值。

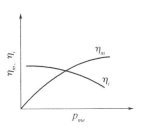

图 7 – 4　柴油机随 η_i，η_m 负荷变化的趋势

7.1.3　负荷特性曲线特点

负荷特性是发动机的基本特性。常用它评价发动机工作的经济性。根据需要可测定发动机不同转速下的负荷特性。转速变化时，各条负荷特性曲线的变化趋势相同，只是各条曲线的路径不同。每条曲线的最右端点表示全负荷转速下的功率及燃油消耗率。

由负荷特性可以看出，低负荷时，有效燃油消耗率很高，经济性差。因此，应注意提高发动机的功率利用率。同一转速下，最低油耗率 b_{min} 愈小，曲线变化愈平坦，经济性愈好。柴油机 b_{min} 比汽油机低 10% ~ 30% ；而且有效燃油消耗率曲线比较平坦。相比之下，柴油机部分负荷时低油耗率区比汽油机宽，因而柴油机比汽油机省油。

7.2　发动机速度特性

发动机性能指标随转速变化的关系，称为发动机的速度特性。速度特性包括部分负荷速度特性和外特性。外特性是发动机所能达到的最高性能。

7.2.1　汽油机速度特性

汽油机节气门（油门）开度固定不动，点火提前角最佳及化油器调整完好的情况下，有效功率 P_e，转矩 T_{tq}，燃油消耗率 b，每小时耗油量 B，排气温度 t，空气消耗量 A_a，进气管真空度 $\triangle p$，充气效率 η_v，点火提前角 θ_{ig} 等随转速变化的关系，称为汽油机的速度特性。

节气门全开时速度特性，称为外特性。节气门部分打开时的速度特性，称为部分负荷速度特性。图 7 – 5 所示为汽油机外特性曲线。

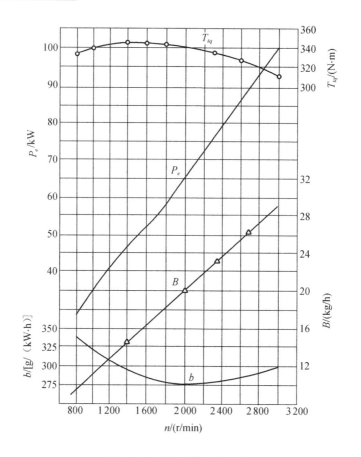

图 7 - 5　汽油机外特性曲线

7.2.1.1　转矩曲线

随着转速的增加，转矩 T_{tq} 逐渐增大，出现最大转矩 T_{tqmax} 后逐渐下降，且下降程度愈来愈大。曲线呈上凸形状。

根据公式 $T_{tq} = k_2 \eta_v \eta_i \eta_m / \alpha$，$T_{tq}$ 随 n 的变化，取决于指示热效率 η_i，机械效率 η_m，充气效率与过量空气系数 η_v / α 之比随 n 的变化。在节气门开度一定时，过量空气系数可视为常数。η_i，η_m，η_v 随 n 的变化如图 7 - 6 所示。

充气效率 η_v 在某一中间转速时最大。因为一定的配气相位仅对一种转速最合适，此转速下能最好地利用气流惯性。其余转速时 η_v 均降低，曲线为上凸形。指标热效率 η_i 随转速 n 的变化也是在某一中间转速较高，但变化比较平坦。因为转速低时，进气流速低，紊流减弱，使雾化、混合状态较差，火焰传播速度降低，散热及漏气损失增加，η_i 较低。转速高时，燃烧过程所占曲轴转角较大，燃烧在较大容积下进行，η_i 也较低。转速增加，消耗于机械损失功增加，因此，随转速升高，机械效率 η_m 明显下降。

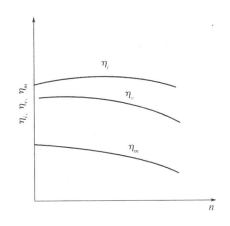

图7-6　汽油机 η_i，η_m，η_v 随 n 的变化关系

总体上，当转速由低开始上升时，η_v，η_i 同时增加的影响，大于 η_m 下降的影响，使 T_{tq} 增加。在达到最大值后，随转速增加，由于 η_v，η_i，η_m 均下降，故扭矩曲线逐渐下降，且下降程度逐渐加大。

7.2.1.2　功率曲线

功率与转矩 T_{tq} 和转速 n 的乘积成正比，$p_e = T_{tq} \cdot n / 9\,550$。当转速由低逐渐升高时，由于 T_{tq} 和 n 同时增加，P_e 增加很快。在达到最大转矩转速 n_{tq} 后，再提高转速，由于 T_{tq} 有所下降，使 P_e 上升缓慢。某一转速时，$T_{tq} \cdot n$ 达最大值。此后，再增加转速，由于转矩下降超过转速上升的影响，P_e 反而下降。

7.2.1.3　燃油消耗率曲线

从式 $b = k_3 / \eta_i \eta_m$ 可见，耗油率 b 随转速 n 变化趋势，取决于 η_i 和 η_m 随 n 变化的趋势。b 在某一中间转速，当 $\eta_i \eta_m$ 达到最大值时出现最低值。当转速较此低时，由于 η_i 低，使 b 增加。转速较此高时，η_i 和 η_m 均较低，b 也增加。

发动机的部分负荷速度特性是在节气门关小、节流损失增大，充气效率减小的情况下，使部分负荷速度特性的 P_e，T_{tq} 低于外特性值。且转速越高，充气效率减小得越多。因此，节气门开度越小，随转速增加，扭矩、功率曲线下降越快，并使最大扭矩及最大功率点向低转速方向移动。

当节气门开度为 75% 左右时，燃油消耗率曲线最低。超过 75% 开度，混合气较浓，存在燃烧不完全现象，燃油消耗率曲线位置较高。低于 75% 开度时，残余废气相对增多，燃烧速度下降，η_i 降低，燃油消耗率曲线位置也高，且开度越小，燃油消耗率曲线位置越高。

7.2.2 柴油机速度特性

喷油泵油量调节机构（供油拉杆或齿条）位置不动，柴油机性能指标（P_e，T_{tq}，b，B，t_r，排气烟度 R，涡轮前排气温度 t_T，爆发压力 p_z 等）随转速变化的关系，称为柴油机速度特性。

当油量调节机构固定在标定循环供油量位置时的速度特性，称为柴油机外特性。当油量调节机构固定在小于标定循环供油量位置时的速度特性，称为柴油机部分负荷速度特性。下面利用图 7-7 所示外特性曲线进行特性分析。

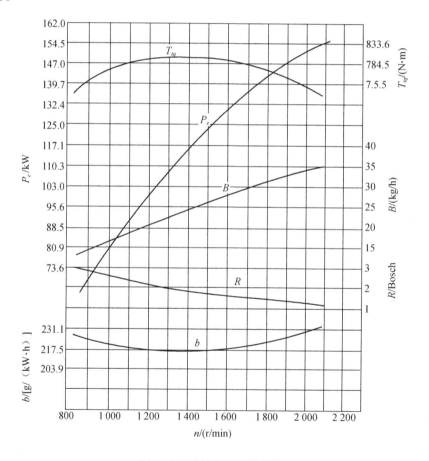

图 7-7 柴油机外特性曲线

7.2.2.1 转矩曲线

各种转速下柴油机转矩的大小，主要取决于每循环供油量 Δq 附多少。

根据关系式

$$T_{tq} = k_2 \eta_i \eta_m \Delta q \qquad (7-1)$$

可知，柴油机转矩随转速的变化趋势决定于 η_i，η_m，Δq 随 n 的变化趋势。柴油机 η_i，η_m，Δq 随 n 变化关系如图 7-8 所示。

柱塞式喷油泵，当油量调节机构位置不变时，每循环供油量随转速的变化关系，即为喷油泵的速度特性。由于油孔的节流作用，随转速 n 的提高，每循环供油量 Δq 呈线性增加。η_v 在某一中间转速出现最高值。指示热效率 η_i 在某一中间转速稍高，转速过高、过低时，都下降。原因是，当转速较高时，由于 η_v 减小和 Δq 的增加，

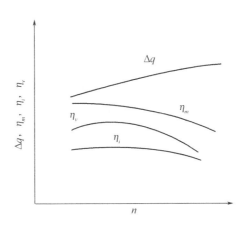

图 7-8 柴油机 η_i，η_m，Δq，η_v 随 n 的变化关系

使过量空气系数减小，不完全燃烧现象严重，加之燃烧过程占用较大的曲轴转角，使燃烧在大容积下进行，η_i 较低。转速过低时，由于空气涡流减弱，燃烧不良及燃气与缸壁接触时间加长，使散热及漏气损失增加。η_i 也较低，但 η_i 曲线较汽油机变化平坦；η_m 随 n 的增加也呈下降趋势。

综上所述，在较低转速范围内，随 n 的增加，由于 Δq 及 η_i 的增加超过 η_m 下降的影响，使 T_{tq} 增加，在较高转速范围内，随 n 增加，η_i 及 η_m 下降超过 Δq 增加的影响，使 T_{tq} 有所下降，但比汽油机 T_{tq} 曲线平坦。

7.2.2.2 功率曲线

由于扭矩 T_{tq} 曲线变化平坦，在一定转速范围内，功率 P_e 几乎与转速 n 成正比增加。

7.2.2.3 燃油消耗率曲线

与汽油机燃油消耗率曲线类似，柴油机的燃油耗率曲线也是一凹形线，由于柴油机压缩比高，η_i 较高，曲线比汽油机的平坦，最低耗油率值比汽油机相应值低。当 $\eta_i \eta_m$ 达到最大值时，b_{min} 出现值。

部分负荷速度特性随油量调节机构位置向减小供油量方向移动时，循环供油量减小，使部分负荷速度特性的 P_e，T_{tq} 值低于外特性。但随着负荷减小，循环供油量随转速的变化趋势基本不变，使部分负荷速度特性的变化趋势同外特性相似。所以柴油机的部分负荷速度性的 P_e，T_{tq} 曲线是随负荷的减小大致平行下移。

燃油消耗率曲线的变化趋势基本同外特性。当负荷为 75% 左右时，曲线位置最低。

7.3 柴油机的调速特性

在调速器起作用时，柴油机性能指标（P_e，T_{tq}，b，B）随转速或负荷变化的关系，称为柴油机调速特性。

柴油机根据需要，可装用两级调速器（图 7 – 9）和全程调速器。

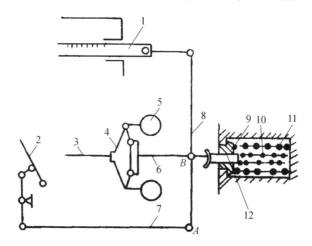

图 7 – 9　两级调速器工作原理图

1. 油量调节齿条；2. 油门踏板；3. 调节轴；4. 支承架；5. 飞球；6. 调节推杆；7. 拉杆；
8. 调节杠杆；9. 弹簧滑座；10. 怠速弹簧；11. 高速弹簧；12. 滑块

7.3.1　调速器与调速特性

7.3.1.1　两级调速器及调速特性

车用柴油机一般采用两级调速器。调速器在怠速和标定转速附近起作用，以稳定怠速和防止高速飞车。中间转速调速器不起作用，由驾驶员通过加速踏板控制供油量。

图 7-9 为两级调速器工作原理图。发动机怠速运转时，调速器的飞球 5 的离心力，与软的怠速弹簧 10 的推力相平衡。当偶然原因使 n 高于或低于怠速转速时，调速器起作用。

由于飞球的离心力增大或减小，使调节推杆 6 带动调节杠杆 8，以 A 为支点右移或左移，减少或增加循环供油量，使转速不至于增加或降低得过多，从而保持了怠速运转的稳定。

当油量调节机构处于某一位置时，柴油机在某一转速下工作，如图 7-10 所示的 n_1 转速，此时阻力 T 与柴油机发出的扭矩平衡于 a 点，飞球离心力与弹簧张力平衡。

当阻力矩从 T_{R_1} 减至 T_{R_2}，柴油机转速增加，离心力克服弹簧力使调节推杆 6（图 7-9）右移，调节杠杆 8 做顺时针摆动，带动油量调节齿条向右移动，减少供油量，柴油机扭矩下降至图 7-10 的 b 点，与阻力矩 T_{R_2} 相平衡，重新稳定在 n_2 下工作。当阻力矩全部卸掉时，曲轴转速迅速上升，离心力使油量调节齿条 1 右移至最小供油量，转速稳定在 n_3。反之，当阻力矩增加时，柴油机的

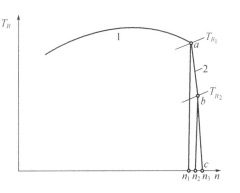

图 7-10 调速特性示意图
1. 速度特性曲线；2. 调速特性曲线

转速降低，弹簧力大于离心力的轴向分力，调节推杆 6 左移，使油量调节齿条 1 向增加供油量方向运动，柴油机转矩也相应增加，直到与阻力矩相平衡时为止。

两级调速器只在怠速和标定转速时起作用。当转速高于怠速，低于标定转速时，由于软的怠速弹簧 10 已被压缩到使滑块 12 抵在弹簧座 9 上，这时硬的高速弹簧 11 不能被压缩，则油量调节齿条 1 不能被飞球带动，此时由驾驶员通过油门踏板 2，直接带动杠杆 8 绕 B 点摆动，以控制供油量。

当发动机转速达到标定转速时，若外界阻力矩下降，使其超过标定转速，飞球 5 产生足够的离心力，使油量调节齿条 1 右移，减少了循环供油量，使柴油机的转矩和转速迅速下降，避免"飞车"。

图 7-11 所示为装用两级调速器的柴油机调速特性。由于调速器的作

用，使速度特性的两端得到调整。转速变化时，转矩曲线急剧变化。中间部分按速度特性变化。

7.3.1.2 全程调速器及调速特性

工程机械、矿山机械等用柴油机一般装用全程式调速器。柴油机由最低转速到最高转速的宽广范围内，调速器都起作用。图 7－12 为全程式调速器工作原理。调速器工作时，调速弹簧 5 的预紧力可由驾驶员通过油门踏板控制。当控制发动机在某一转速下工作时，飞块 4 的离心力与调速弹簧 5 的预紧力相平衡，使发动机稳定运转。当偶然原因使外界阻力变化时，转速增加或降低，飞块 4 的离心力增大或减小，带动供油拉杆 8 向减

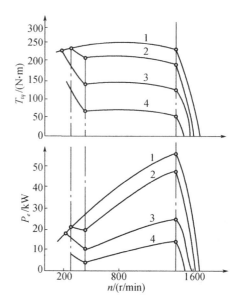

图 7－11 装用两级调速器的柴油机调速特性
1. 全负荷；2，3，4. 部分负荷

小或增加供油量的方向移动，直到重新达到平衡。因此实际工作中，发动机可以在选定的某种转速下，以近似不变的转速稳定工作。要想改变转速，只要改变油门踏板位置，相应改变调速弹簧起作用的预紧力即可，这时又可沿另一调速特性工作。

图 7－13 为装用全程调速器的柴油机调速特性。可见，由于调速器的作用，转矩特性得到改善。当外界阻力急剧变化时，转矩可由最大到零或由零到最大，转速却变化很小。它不仅能限制超速和保持怠速稳定，而且能自动保持在选定的任何速度下稳定工作。

7.3.2 调速器工作指标

7.3.2.1 调速率

调速率用来评价调速器工作的好坏。分为稳定调速率和瞬时调速率两种。

（1）稳定调速率用 δ_1 表示，它是当柴油机在标定工况下，突然卸去全部负荷，突变负荷前后转速度稳定情况。

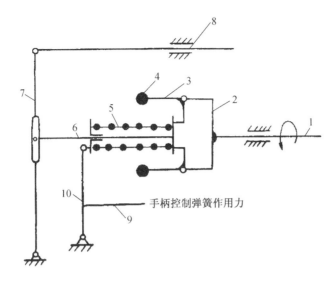

图 7-12 全程调速器工作原理图

1. 喷油泵凸轮轴；2. 支承架；3. 角形杠杆；4. 飞块；5. 调速弹簧；6. 调节推杆；
7. 调节杠杆；8. 供油拉杆；9. 操纵杆；10. 传动杆

$$\delta_1 = \frac{n_2 - n_1}{n} \qquad (7-2)$$

式中：n_1——突变负荷前柴油机的转速，r/min；

n_2——突变负荷后柴油机的稳定转速，r/min；

n——柴油机标定转速，r/min。

一般车用柴油机 $\delta_1 \leqslant 10\%$，稳定调速率值过大，工作稳定性差。

（2）瞬时调速率用 δ_2 表示，它是评定调速器过渡过程的指标。柴油机在负荷突变时，转速经过数次波动直到稳定，在此期间转速波动的瞬时变化百分比。

$$\delta_2 = \frac{n_3 - n_1}{n} \qquad (7-3)$$

式中：n_3——突变负荷时柴油机的最大（或最小）瞬时转速，r/min；

n_1——突变负荷前的柴油机转速，r/min；

n——柴油机的标定转速，r/min。

一般 $\delta_2 \leqslant 12\%$。δ_2 太大，则瞬时转速波动过大，转速忽高忽低并伴有响声，称为"游车"。

7.3.2.2 不灵敏度

转速稳定时间长，过渡过程不好，严重时导致调速器失去作用，有产生

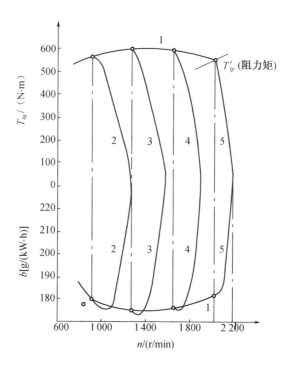

图 7 - 13　装用全程调速器的柴油机调速特性
1. 外特性；2 ~ 5. 调速特性（部分特性）

"飞车"的危险，工作就会失灵。

调速器工作时，由于需要一定的力来克服调速系统的摩擦阻力，因此，在一定转速变化范围内，调速器不会立即起作用来改变供油量。当柴油机负荷减小时，调速器开始起作用的转速与负荷增大时开始起作用的转速之差，与柴油机平均转速之比，称为调速器的不灵敏度。

$$\varepsilon = \frac{n'_2 - n'_1}{n} \qquad (7 - 4)$$

式中：n'_2——柴油机负荷减小时，调速器开始起作用的柴油机转速，r/min；

n'_1——柴油机负荷增大时，调速器开始起作用的柴油机转速，r/min；

n——柴油机的平均转速，r/min。

若不灵敏度过大，会引起柴油机运转不稳，严重时会导致调速器工作失灵，产生飞车。

7.4 发动机的万有特性

车用发动机工作转速和负荷变化范围很广，要全面评价发动机的性能，用速度特性和负荷特性很不方便。通常根据负荷特性曲线簇经过转换，画出多参数特性，即万有特性。通过万有特性可以方便查出发动机各种工况下的性能指标。

以转速 n 为横坐标，以转矩 T_{tq} 或平均有效压力 p_{me} 为纵坐标，在图上画出许多等燃油消耗率曲线和等功率曲线，构成万有特性。图 7 – 14 为 CA6102 汽油机万有特性。图 7 – 15 为 EQD6102 – 1 型柴油机万有特性。

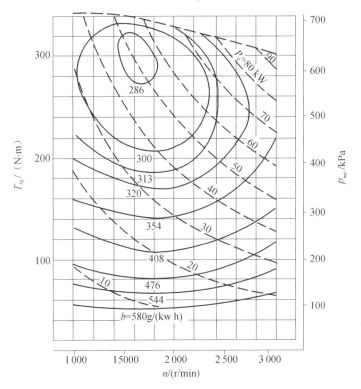

图 7 – 14　CA6102 汽油机万有特性

7.4.1　汽油机与柴油机万有特性的比较

汽油机万有特性与柴油机相比有如下特征：最低油耗偏高，经济区偏小；等燃油消耗线在低速区向大负荷收敛，说明汽油机低速、低负荷工作

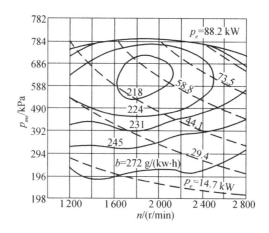

图 7 - 15 EQD6102 - 1 型柴油机万有特性

时，燃油消耗率较高；等功率曲线随转速升高而斜穿等燃油消耗线，故当 P_e 一定时，转速愈高愈费油；汽油机（n 一定）的 $\Delta b / \Delta T_{tq}$ 或 $\Delta b / \Delta p_{me}$ 比柴油机大，说明变工况工作时平均油耗偏高。

柴油机万有特性与汽油机相比：最低燃油消耗偏低，经济区较宽；等耗油率线在高低速均不收敛，变化比较平坦；等功率线向高速延伸时，耗油率变化不大。

7.4.2 万有特性的制取

根据各种转速下的负荷特性曲线，用作图法可以得到万有特性。做法如图 7 - 16 所示。

7.4.2.1 等燃油消耗率曲线

（1）将不同转速的负荷特性转换为以平均有效压力 p_{me} 或转矩 T_{tq} 转矩为横坐标、燃油消耗率 b 为纵坐标的负荷特性。P_e 与 p_{me}，T_{tq} 与 P_e 之间的换算关系见式（2 - 16）和式（2 - 19）。

（2）从负荷特性曲线的某一油耗处（图 7 - 16 中 $b = 230$ g/（kW·h）处）引一垂线，与各种转速的 b 曲线有两个（或一个）交点。再从交点处引水平线，与从万有特性横坐标相应转速处引出的垂线相交，将交点连成圆滑的曲线，即得到一定燃油消耗率时的等燃油消耗率曲线。其余 b 时的等燃油消耗率曲线做法相同。

7.4.2.2 等功率曲线

根据公式 $P_e = T_{tq} \cdot n / 9\ 550 = k p_{me} n$，可画出等功率曲线是一组双曲线。

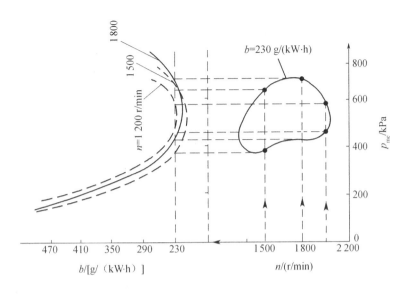

图 7-16　万有特性曲线的做法

7.4.2.3　边界线

将外特性中的 $T_{tq}-n$（或 $p_{me}-n$）画在万有特性上，构成边界线。

7.4.3　万有特性的应用

（1）由万有特性可以方便地查到发动机在任何点（T_{tq}，n）工作时的 P_e，b，p_{me}，发动机在任何点（P_e，n）工作时的 T_{tq}，b，p_{me}，以及发动机最经济负荷和转速。

（2）等燃油消耗率曲线的形状及分布情况，对发动机使用经济性有很大影响。等燃油消耗率曲线最内层为最经济区，曲线愈向外，经济性愈差。如果等燃油消耗率曲线横向较长，表示发动机在负荷变化不大而转速变化较大的情况下油耗较小。如果等燃油消耗率曲线纵向较长，则发动机负荷变化较大而转速变化较小情况下的燃油消耗较少。对于常用中等负荷、中等转速工况的车用发动机，希望其最经济区处于万有特性中部，等燃油消耗率曲线横向较长。对于转速变化范围较小而负荷变化范围较大的工程机械用发动机，希望最经济区在标定转速附近，等燃油消耗率曲线纵向较长些。

（3）某些改进与研究性试验时，为保证发动机与传动系的匹配，将常用排档下常用阻力曲线（折算成 p_{me} 值）绘于万有特性上。可以一目了然地看出汽车的常用工作区，是否与发动机的经济油耗区接近，以判断改进效果。

（4）可用万有特性评价发动机排放污染情况。将发动机有害排放物随负荷和转速变化的关系画在万有特性上，从而反映发动机在某一工况下的燃烧与混合气形成情况。图 7－17 为柴油机有害排放物的万有特性。

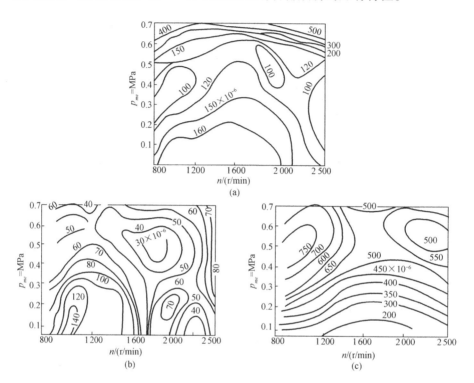

图 7－17　柴油机有害排放物的万有特性

（a）CO 排放；（b）HC 排放；（c）NO$_x$ 排放

（5）可以结合传动系参数绘制整车万有特性。由此可以确定各排挡、各种坡度、不同车速下的经济性和动力性。

复习思考题

1. 什么是发动机的负荷特性？试分析汽油机、柴油机负荷特性中曲线的变化趋势。

2. 负荷特性曲线形状对柴油机性能有何影响？

3. 什么是发动机速度特性？试分析汽油机和柴油机特性曲线。

4. 汽油机、柴油机的特性曲线有什么异同点？为什么？

5. 发动机负荷特性和速度特性能否相互转化？为什么？

6. 什么是发动机万有特性? 如何制取万有特性?

7. 发动机万有特性曲线形状、位置对发动机性能有何影响?

8. 柴油机为什么要安装调速器? 什么是柴油机调速特性?

9. 两级式调速器和全程调速器对柴油机性能有何影响? 两者的调速特性有什么特点?

10. 如何评价调速性能的好坏?

8 废气涡轮增压

8.1 发动机增压概述

8.1.1 增压的可行性及特点

发动机的有效功率为

$$P_e = \frac{p_{me} \cdot V_s \cdot i \cdot n}{30\tau} \times 10^{-3}$$

式中：p_{me}——平均有效压力，kPa；

　　　V_s——工作容积，m^3；

　　　i——发动机气缸数，个；

　　　τ——冲程数，个。

因为　　　　　　　　$V_s = \frac{\pi D^2}{4}S, \, c_m = \frac{Sn}{30}$

式中：D——活塞直径；

　　　S——活塞行程；

　　　c_m——活塞的平均速度。

发动机采用进气增压，就是提高进入气缸的充量密度的有效途径，使进入气缸的新鲜气量增加，这就可以燃烧更多的燃料，使平均有效压力提高，从而提高有效功率。

增压技术在柴油机上得到了广泛的应用，汽油机增压的许多问题也已经得到了成功的解决。增压发动的特点是：

（1）功率相同时，发动机的空间尺寸减小，重量轻，对于提高发动机的经济性更有意义。

（2）在达到额定输出功率时，摩擦损耗相对较小，在部分负荷时，增压发动机的工况更接近最大效率设计工况点。

（3）通过增压器的合理设计，可以将转矩特性改进为低速高转矩，这对车用发动机很有利。

（4）随行驶地区海拔高度升高而导致的功率下降（海拔每上升 1 000 m

功率下降 10% ），可通过增压来弥补。

（5）通过增压可以使排放降低。对于增压汽油机，通过最合适的燃烧室形状设计和在涡轮机内的后燃，可以降低 HC 值；在低负荷范围可降低 NO_x，当然在高负荷时 NO_x 会有所升高。对于柴油机，增压后 NO_x 略有上升，但由于空气过量，烟度有所下降。

（6）降低噪声。柴油机增压后，由于混合器工作温度升高，着火延迟期缩短，燃烧过程变得柔和，对直喷式柴油机更为有利。另外，通过换气管内的波动削平和消声，也使噪声减小；表面辐射噪声也有所下降。

（7）经济性得到改善。增压后平均有效压力提高，机械损失相对减少，在高负荷区，机械效率得到提高；在低负荷区，由于进、排气阻力和换气损失增加，经济性受到影响。在相同功率时，增压机比非增压机的排量要小，机械损失也相对减小。因此，增压机比非增压机的比油耗要小、等油耗的经济运行区扩大；当排量不变时降低转速，机械损失也减小，热效率得到提高。

（8）增压机的主要零部件的机械负荷和热负荷增加。

8.1.2 增压的衡量指标

衡量增压的指标主要有增压度和增压比。

8.1.2.1 增压度

增压度 φ 是指发动机在增压后的标定功率和增压前的标定功率的差值，与增压前标定功率的比值。增压度表明增压后功率增加的程度。

$$\varphi = \frac{P_{ea} - P_{eo}}{P_{eo}} \qquad (8-1)$$

式中：P_{ea}，P_{eo}——增压后、增压前的标定功率，kW。

增压度取决于所采用的增压系统，采用中冷可使增压度提高。汽油机的增压度受到爆燃的限制。柴油机的增压度受燃烧最高压力的限制，通常以降低压缩比来补偿。

现代四冲程柴油机的增压度可达 3 以上，而车用柴油机的增压度不高，一般只有 0.1～0.6。因为车用柴油机要同时考虑车辆的动力性、经济性、排放和成本等多方面要求。

8.1.2.2 增压比

增压比是指增压器出口压力与环境条件下大气压力（或增压器进口压力）的比值，简称压比，用 π_b 表示。

$$\pi_b = \frac{p_b}{p_0} \tag{8-2}$$

式中：p_b——增压器出口压力，kPa；

p_0——环境条件下大气压力，kPa。

8.1.3 发动机增压的种类

发动机增压可分为：机械式增压、容积式（进气管）增压、气波增压、废气涡轮增压及复合增压。

8.1.3.1 机械式增压

机械式增压系统如图 8-1 所示，是由发动机曲轴通过传动带、齿轮、链等传动装置，直接驱动压气机的增压方式。机械式增压又分为挤压式和流动式。

机械增压的特点是结构简单，价格便宜，但当增压比较高时，消耗的驱动功率很大，可超过指示功率的 10%，而使整机的机械效率下降，比油耗增加。机械增压主要用于小型机，通常其压气机出口压力不超过 160～170 kPa。

8.1.3.2 容积式增压（容积式进气管）

这种增压装置是利用每一循环，在进气管内产生的压缩波和膨胀波来增压。每一气缸都接有一定长度的特殊进气管，根据进气管长度，在发动机的不同转速范围内，出现明显的后充气效应，从而提高了供气效率。但在另一转速范围内，会产生膨胀波，反而会使供气效率降低。

8.1.3.3 气波增压

气波增压是将废气的高能量，直接传给新鲜充量，以提高新鲜充量的密度的系统。这种增压器也需要机械驱动，消耗整机功率为 1.0%～1.5%。

如图 8-2 所示，叶轮由发动机通过传动带 4 驱动，发动机废气从排气管 2 流进叶轮 3 时，通过与从另一侧进入的低压空气（新鲜充量）直接接触，利用高压废气的脉冲波，将能量传给低压空气，使其被压缩、加速，形成高压空气，并通过进气管 5 将高压空气压进气缸。在低压空气侧固定壁面上反射回来的低压废气，在叶轮内膨胀后被排入大气中。

气波增压和废气涡轮增压，都是利用发动机排出的废气的能量来进行增压，与废气涡轮增压相比，气波增压的优点如下：

（1）整个运行工况下，气波增压压力较高，低转速时也能获得较大转矩和较好的经济性，工况适应范围大。

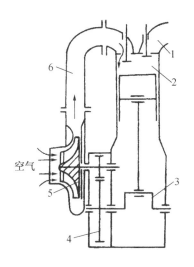

图 8 - 1　机械增压系统图

1. 排气管；2. 气缸；3. 曲轴；

4. 齿轮副；5. 压气机；6. 进气管

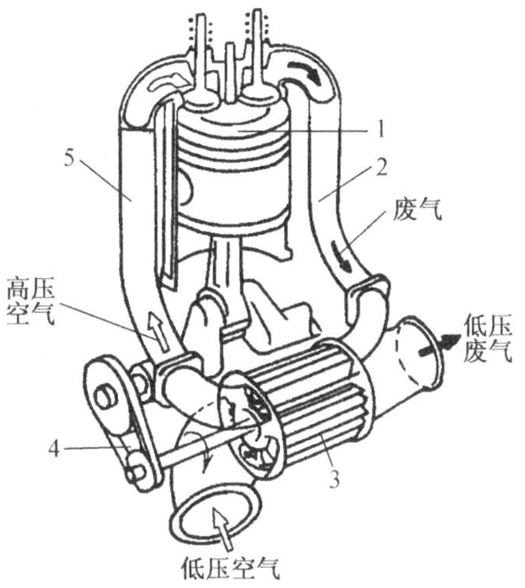

图 8 - 2　Comprex 气波增压器

1. 活塞；2. 排气管；3. 叶轮；

4. 传动带；5. 进气管

（2）加速性好，其轻巧的转子对负荷改变的响应几乎无延滞。

（3）通过合理设计，可以使废气进入增压空气中，从而起到废气再循环的作用，降低 NO_x 的排放。

（4）通常不需要阀门控制。

其缺点是：

（1）结构尺寸较大，在发动机上安装受限制。

（2）噪声大。

（3）用于汽油机时，由于其转速范围宽、流量大、温度更高，还存在困难。

（4）转子和壳体的热负荷不同，两者间的轴向间隙难于满足要求。

（5）对废气温度敏感，进出气的压差最大只能达到 10kPa。

（6）材料成本高。

8.1.3.4　废气涡轮增压

废气涡轮增压系统如图 8 - 3 所示。它是利用排气能量推动涡轮 3，带动与涡轮同轴的压气机叶轮压气，向发动机提供压力高，密度大的新鲜充量，从而提高发动机的功率和扭矩。

由于废气涡轮增压系统压气机由涡轮机驱动，涡轮机则由发动机的废气

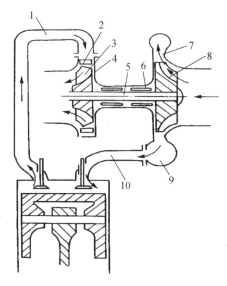

图 8-3 废气涡轮增压系统

1. 排气管；2. 喷嘴环；3. 涡轮；4. 涡轮壳；5. 转子轴；6. 轴承；7. 扩压器；

8. 压器机叶轮；9. 压器机壳；10. 进气管

推动，增压器与发动机之间没有机械联系，结构简单、工作可靠，一般在未增压发动机上作些简单的改装，功率即可提高 30% ~ 50%。涡轮增压器适合于专业化大生产，质量好、成本低。同时涡轮增压器能利用废气的一部分能量，既可提高发动机功率又能改善燃料经济性。所以，废气涡轮增压应用最广泛。

8.2 废气涡轮增压系统构造及特性

废气涡轮增压在 1905 年由瑞士人（Büchi）提出，20 世纪 20 年代初开始用于柴油机。

根据废气在涡轮机中不同的流通方向，废气涡轮增压系统可分为径流式和轴流式涡轮增压两种。车用发动机大多采用径流式涡轮增压器。废气涡轮增压器主要由涡轮机和压气机组成，两者通过一固定轴相互连接。

8.2.1 压气机构造

图 8-4 为单级车用废气涡轮增压器。左侧为压气机，它由进气道、压气机叶轮扩压器和压气机壳等组成。

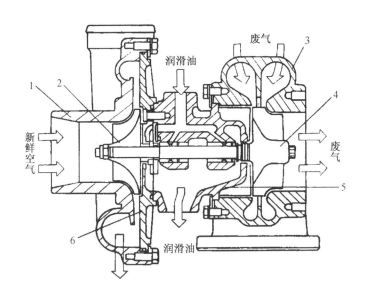

图 8 - 4　废气涡轮增压器

1. 压气机壳体；2. 压气机叶轮；3. 涡轮机壳体；4. 涡轮；5. 支座；6. 扩压器

8.2.1.1　进气道

进气道的作用是将气流有秩序地导入压气机的工作叶轮进行压缩。轴流式压气机进气气流沿轴向进入工作轮，空气进入工作轮时的损失较小，这种结构常用于小型增压器。

8.2.1.2　压气机叶轮

叶轮的作用是在其旋转时，使空气在离心力的作用下，受到压缩并甩向叶轮外缘，使空气的温度、压力和流速都增加。

叶轮的构造如图 8 - 5 所示。其结构形式有半开式、开式和星形。

半开式叶轮叶片和轮盘相连，具有一定的强度和刚度，小型增压机应用较多。

开式叶轮只有轮毂和叶片，叶片两端是敞开的，摩擦流动损失大，效率低，易引起振动，目前较少采用。

星形叶轮是在半开式的基础上发展起来的。这种结构能承受较高转速，适用于高增压机。

8.2.1.3　扩压器和出气蜗壳

扩压器的作用是使流经叶轮后的气流速度降低，从而进一步增加气体的静压力。扩压器的形式有图 8 - 6 所示两种：一种是入口小，出口大的无叶扩压器（缝隙式扩压器）；另一种是叶片式扩压器两种。

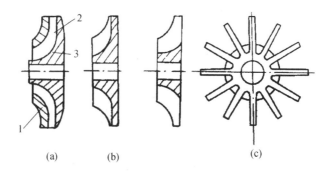

图 8-5　压气机叶轮形式
（a）半开始；（b）开式；（c）星形
1. 轮盘；2. 叶片；3. 轮毂

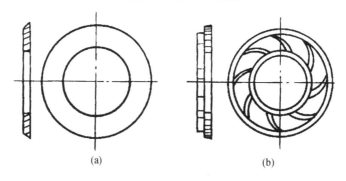

图 8-6　扩压器的形式
（a）无叶扩压器；（b）叶片扩压器

出气蜗壳的作用是收集气体，并将其引入增压器的进气管，同时继续压缩气体，使从扩压器出来的气体再一次降低流速，以提高气体的静压力。

8.2.2　离心式压气机工作原理

增压器工作时，空气沿进气道轴向进入叶轮（参见图 8-4），因进气道多为收敛形，气流流经进气道时，速度略有增加，此时充量与外界没有热交换，其压力和温度略有下降。气流进入叶轮后，由于叶轮转动，使气流受离心力的作用，压缩并甩到叶轮外缘，压力和流速有较大的增长。然后进入扩压器，将其动能大部分转为压能，空气的密度、压力及温度升高，流速降低。进入涡壳后，继续增压降速，然后将空气送入发动机的进气管和气缸，达到增压的目的。

8.2.3 离心式压气机工作特性

离心式压气机的主要工作参数是增压比 π_b、流量、转速 n_{tb} 和绝热效率 η_{kb}。

在不同转速下，压气机的增压比和效率随空气流量的变化关系，称为压气机的压比流量特性，如图 8 − 7 所示。

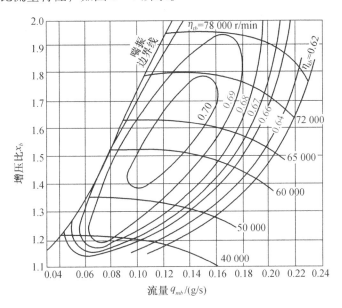

图 8 − 7　离心式压气机压比流量特性

见图中等转速曲线，随着流量的增加，曲线呈下弯趋势，增压比逐渐减小。转速越高，增压比越大。在一定转速下，当压气机流量减小时，增压比和效率增加；当流量减小到某值时，增压比、效率达最大值；流量继续减小，增压比和效率随之又降低。当流量减小到一定值后，气体进入工作叶轮和扩压器的角度偏离设计工况，造成气流从叶片或扩压器上强烈分离，同时产生强烈脉动，并有气体倒流，引起压气机工况不稳定，导致压气机振动，并发出异常响声，称为喘振。

将各转速下的喘振点连接起来：构成一条喘振边界线。喘振线的左边为不稳定区域，压气机只能在喘振线右侧工作，即小供气量时，不能达到高增压比。

从特性曲线中的等效率曲线来看，中间是高效率区。高效率区一般比较靠近喘振边界线，从中心向外，效率逐渐下降，特别在大流量低增压区，效率下降很多。

8.2.4　涡轮机构造与工作原理

径流式涡轮机主要由进气涡壳，工作轮及出气道等组成（参见图 8 - 4）。

进气涡壳把发动机与增压器连接起来，并使发动机的废气均匀地进入涡轮。在涡壳与工作轮间装有导向叶片（喷嘴环），其作用是将废气的压能有效地转换为动能，使气流具有一定的方向和较均匀地高速进入工作轮。高速运动的气流冲击着涡轮机的工作轮，使其高速旋转，并带动压气机工作。

8.2.5　废气涡轮增压的分类

如图 8 - 8 所示，废气涡轮增压按其工作过程，可分为定压增压和脉冲增压两种。

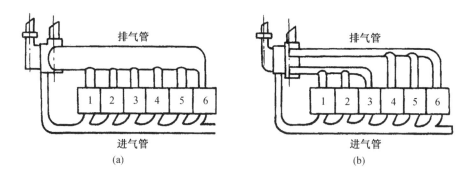

图 8 - 8　废气涡轮增压的形式
（a）定压增压；（b）脉冲增压

8.2.5.1　定压增压

如图 8 - 8（a）所示，将各缸的废气集中到一个很大的排气管内，然后废气以几乎不变的压力作用到涡轮机工作轮上。由于排气收集管容积大，在排气门开启初期，缸内压力与该管内压力相差较大，废气在管内的自由膨胀产生的涡流与摩擦，背压的提高对发动机的工作不利，使可利用的能量减少。

8.2.5.2　脉冲增压

如图 8 - 8（b）所示，这种方案的特点是将废气直接地送到涡轮机中，在排气管中造成尽可能大的压力变动和周期性的脉动，使涡轮机在进口压力波动较大的情况下工作。为此，将涡轮机靠近气缸，排气管做得短而细，为减少各缸排气中压力波干扰，用几根排气歧管将点火顺序相邻的缸相互隔开。多缸机常用2根歧管。

脉冲增压的特点：

（1）在废气能量利用上，脉冲增压好于定压增压，但随着增压压力提高其优点逐渐消失。

（2）脉冲增压对气缸中扫气有明显优点，即使在部分负荷工况下，也能保证气缸有良好扫气。

（3）脉冲增压由于排气管容积小，当发动机负荷改变时，排气压力波立刻发生变化并迅速传到涡轮，引起增压器转速较快的变动，所以脉冲增压系统加速性能较好。

（4）脉冲增压的平均绝热效率比定压增压低，而且涡轮的尺寸大、排气管结构也复杂。

综上所述，在低增压时采用脉冲涡轮增压较为有利。在高增压时，一般来说宜采用定压涡轮增压。考虑到汽车发动机大部分时间是在部分负荷下工作，为了获得良好的低速扭矩特性和加速性，即使在高增压时仍采用脉冲增压系统。

8.3 增压器与发动机匹配

8.3.1 对车用增压器的要求

与车用发动机相匹配的涡轮增压器应满足以下要求。

（1）尽量小的转动质量。车用机变工况多，启动性、加速性必须良好，因而增压器转子的转动惯量要小。

（2）最佳的涡轮转速比。涡轮的效率与其速比有密切关系。速比最佳时，涡轮效率最高。

变工况时，由于转速和进口废气状态变化，速比也发生变化，使涡轮效率下降。在叶轮尺寸较小的情况下，只有提高涡轮机的转速。一般中等吨位的车用发动机增压器的转速，在每分钟十几万转以上，轿车则可达25万转以上。

（3）宽广的压气机高效区。车用发动机流量变化范围较宽，而压气机的效率和压比随工况变化会明显下降，高效区很窄。

（4）较强的变工况适应性。车用发动机工况变化大，导致涡轮喷嘴环出口的气流速度变化，则叶轮入口相对速度的方向和大小均发生变化，而入口导向叶片的几何角度不变，气流将偏离最佳设计方向，使产生的冲击损失较大，影响涡轮效率。

这种冲击损失现象在有叶喷嘴上反应敏感，在无叶喷嘴上却比较迟钝。所以，车用增压器宜采用无叶喷嘴涡轮，以增强工况的适应性。另外，为了满足车用发动机低速下转矩和排放指标的要求，近年来还采用变截面增压器。

8.3.2 增压器与发动机的匹配

要使增压器获得良好的性能，涡轮增压器与发动机必须很好地匹配：

（1）在标定工况，必须达到预期的增压压力和空气流量，以保证有足够的过量空气，使燃烧完善。同时，要求涡轮前的排气温度不能超过预定值，以保证热负荷和机械负荷不致过高。

（2）低工况时，保证有一定的空气量，以满足燃烧及降低热负荷的要求。

（3）增压器对运转范围的适应能力较强，涡轮机应允许在较宽广的范围运转，高效率区较大，在整个工作范围不发生喘振和涡轮机阻塞现象。

8.4 车用发动机增压的特殊问题及改善措施

8.4.1 车用发动机增压的特殊问题

8.4.1.1 柴油机增压的特殊问题

（1）热负荷增加。增压柴油机进气的温度是压气机出口温度的函数，比非增压机高 $60 \sim 80$ ℃。由于压缩初温升高，致使各工作循环的温度相应上升。同时，循环供油量增加后，转变为有用功的热量和损失的热量都随着增加，表现于机油温度、冷却水温度及排气温度显著提高。

对于涡轮增压器来说，也存在热负荷过大问题，有关的零部件会因热负荷大而加速损坏。随着增压速度的提高，热应力的问题将会更加突出。

（2）机械负荷增加。随着进气压力的增高，柴油机的燃烧最高压力也要增大。进气压力每增加 0.1 MPa，燃烧最高压力就增加 0.868 MPa，压力升高率剧增，柴油机的机械负荷增加很多。

（3）低速和加速排气冒烟。柴油机在低速运转时，由于惯性作用，空气增压较差，柴油机在低速区是富油燃烧，易冒黑烟。在加速时，由于惯性使压气机供气滞后，也会出现冒烟现象。

8.4.1.2 汽油机的特殊问题

汽油机增压以后，除了热负荷增加和机械负荷增加外，由于汽油机工况变化范围更大，并采用点燃式着火方式，增压所带来的问题更为特殊。

（1）爆燃倾向加大。汽油机增压后，由于热负荷的增加，进、排气温度升高，加上不能加大扫气来冷却受热零件，使热负荷更高。如果不改变压缩比和使用高辛烷值的汽油，爆燃的倾向加剧。

（2）汽油机速度变化范围大。整个速度范围内的功率差别大，使涡轮增压器的匹配更难。

（3）瞬态响应更差。由于汽油机增压直接影响空气和燃油量，因此，对速度变化的瞬态响应更差。

8.4.2 增压发动机优化措施

由于废气涡轮增压可以明显地提高发动机的动力性能，降低比油耗及排放污染，现代缸径小于 100 mm 的汽车发动机也越来越多地采用增压技术。为获得较为理想的效果，增压发动机必须采取相应的措施，才能完善其性能。

8.4.2.1 增压柴油机的优化措施

（1）降低热负荷。降低热负荷的主要措施有增加冷却扫气量、降低压缩空气温度和排气温度等。

①适当增大进排气门的叠开角。每增加 10° 叠开角，可降低排气温度 5 ℃左右。但叠开角过大，会发生活塞与气门相碰现象。

②增大气门叠开期内进、排气管压差。每增加压差 0.01 MPa，每循环每气缸可增加扫气量 0.02 g。增大压差的主要途径是合理设计进、排气歧管，增大进排气门的时间（截面）。

③增压中间冷却。压缩空气每降低 1 ℃，燃烧最高温度可降低 2~3 ℃。因此，对增压空气进行中间冷却，冷却后的压缩空气进入进气管。中间冷却使发动机进气密度进一步提高，在不增加热负荷的情况下，可提高功率 12%~15%，同时还有利于降低 NO_x 的排放。

④强化冷却系统。改善机油冷却条件和曲轴箱通风，增大机油散热器散热面积；改善冷却系工作条件，适当调整水泵容量，提高水泵转速，增大散热水箱散热面积，增大风扇直径等。

⑤改善供油系统和燃烧系统。柴油机增压后，循环供油量增大。适当调整供油系统、合理组织燃烧过程，对降低热负荷很有作用。可以通过缩短供油时间、强化燃烧室中油气的混合，适当降低供油提前角，使滞燃期缩短，工作柔和。

（2）降低机械负荷的措施。

①适当降低压缩比，可以降低燃烧最高压力，从而对降低机械负荷有利。

②适当减小供油提前角，使燃烧的最高压力下降，既减小了热负荷，又缓解了机械负荷。

③调整涡轮增压器，适当增大喷嘴环面积，使增压器转子转速下降，压气机出口压力降低，柴油机最大爆发压力减小，机械负荷减小。还可适当增大压气机及涡轮的涡壳来调整压缩比、流量及效率范围，以优化匹配。

④优化供油系统。

⑤采用特殊结构，如可变压缩比增压系统、变截面增压器、低温高增压系统、冒烟限制器等。

8.4.2.2 增压汽油机的优化

汽油机增压的主要问题是爆燃倾向加剧，应有效地消除或减小爆燃。

（1）采用辛烷值高的燃料或降低压缩比。

（2）采用废气再循环，降低燃烧最高温度和压力。

（3）燃烧室设计更紧凑。

（4）采用中间冷却技术，降低充气温度。

（5）选择适当的增压度。

（6）排气系统优化。

复习思考题

1. 发动机为什么要采取增压技术？
2. 评价增压的主要指标有哪些？
3. 各种增压系统的结构及原理。
4. 增压对发动机的热负荷和机械负荷有什么影响？有哪些改善措施？
5. 汽油机增压的主要困难是什么？怎样克服？

9 发动机排放污染与噪声

9.1 排放污染及法规

9.1.1 排放污染物质及危害

发动机工作时会排放出一些有害人体健康、污染大气的物质，称为污染物质或有害物质。如：不完全燃烧的产物 CO 和未燃烧的 HC，还有附加产生的 NO_x 及颗粒性物质等，这些生成物质都被列为各国法规的限制对象。

9.1.1.1 一氧化碳（CO）

CO 是一种无色无味的气体。它能与红细胞中的血红蛋白（Hb）结合，其结合力约比 O_2 强 300 倍，从而阻碍了 Hb 在体内运送 O_2 的能力，致使体内组织细胞因缺氧而产生中毒症状。表 9 - 1 揭示了汽车排放污染所形成的大气的 CO 含量及其危害。

表 9 - 1　CO 含量与侵入人体 CO 量的关系

大气中的 CO（$\times 10^{-6}$mg）	血液中的 CO - Hb/%	侵入人体的 CO 程度
0 ~ 5	0 ~ 0.8	无特殊
5 ~ 10	0.8 ~ 1.6	无特殊
10 ~ 20	1.6 ~ 3.2	尚可
20 ~ 30	3.2 ~ 4.8	要注意
30 ~ 40	4.8 ~ 6.4	危险
40 ~ 50	6.4 ~ 8.0	较危险
50 ~ 60	8.0 ~ 9.6	很危险
60	>9.6	极危险

9.1.1.2 碳氢化合物（HC）

HC 是发动机排出的有害物质中，含量仅次于 CO 的有毒气体。有刺激性气味，对人的鼻、眼和呼吸道黏膜有刺激作用，可引起炎症。已证明 HC

在动物身上有致癌作用。此外，HC 还能形成光化学烟雾。

9.1.1.3　氮氧化合物（NO_x）

NO_x 是发动机排出的氮的化合物的总称，主要有 NO 和 NO_2。NO 是无色无味的气体，与血红蛋白（Hb）的亲和性极强（是 O_2 与血红蛋白亲和性的 30 万倍），生成亚硝基血红蛋白（NO – Hb），阻碍血红蛋白的携氧作用。NO_2 有直接使血红蛋白变为高铁血红蛋白（Met – Hb）的作用。空气中的 NO 和 NO_2 在肺组织被过多地吸收，到达肺泡后进入血中，使血液中毒。NO_2 还刺激支气管，引起支气管炎和肺泡的肿胀。肿胀的扩散可引起肺纤维化。此外，在 NO_x 和 HC 共处时，通过阳光照射形成连锁反应，生成光化学烟雾。

9.1.1.4　二氧化碳（CO_2）

CO_2 是无色无味的气体，呈弱酸性。低含量的 CO_2 对人体无害，但随着其含量的增加，对人的机体有影响。当 CO_2 含量很高且有 O_2 存在时，以麻痹作用为主；在缺 O_2 状态下，作为刺激性气体对皮肤和黏膜起作用。CO_2 对人的影响见表 9 – 2。

表 9 – 2　CO_2 对人机体的影响

CO_2 体积分数/%	对人机体的影响
< 2.5	维持 1h 无影响
3	呼气深度增加
4	局部刺激症状：头部重压感、头痛、耳鸣、心悸、血压升高、脉搏迟缓、眩晕、神志恍惚、呕吐等
6	呼吸剧烈增加
8 ~ 10	迅速出现意识不清、发汗时出现呼吸停止，导致死亡
20	数秒钟内中枢机能丧失
30	立即死亡

9.1.1.5　二氧化硫（SO_2）

SO_2 是无色气体，有强烈的气味，对咽喉、眼睛和上呼吸道有强烈的刺激作用，对人的健康有害。特别是硫的氧化物及其他酸性气体溶于雨中，会形成酸雨，使湖泊水酸化、土壤酸化，大片森林和植物枯死。

9.1.1.6　碳烟

碳烟中存在着碳和有机物的悬浮微粒，吸入肺泡后，引起肺功能或支气管的变化、肺水肿等。

9.1.2 排放污染物的形成及影响因素

车用发动机的主要燃料是汽油和柴油。在燃烧过程中，由于燃烧条件和影响因素不同，其燃烧的完善程度也不一样。因此排出的废气中，含有多种生成物，包括 CO，HC，NO_x，SO_2，CO_2 及碳烟、颗粒性物质和水等。其中前 4 种和颗粒性物质、碳烟为污染物质。

9.1.2.1 CO 的形成

CO 是烃燃料燃烧的中间产物，主要是由于燃烧时氧气相对不足而产生的。汽油机当过量空气系数 $\alpha < 1$（$A/F < 14.8$）时，燃料中的碳不能完全燃烧而生成 CO。其生成量主要取决于混合气成分。CO 是汽油机排气中有害成分含量最大的物质。

柴油机的过量空气系数较大，在全负荷和低负荷时，由于混合气很不均匀，造成局部氧化不足，或燃气温度低，使氧化反应慢，燃烧时 CO 产物较多，但总体上因为是稀混合气，过量的氧还使 CO 在排气过程中氧化为 CO_2，所以柴油机排气中 CO 相对较少。

9.1.2.2 HC 的形成

排气中的 HC 主要来源是不完全燃烧的产物和蒸发泄漏的燃油蒸气。燃烧过程中，由于缸壁激冷作用，燃烧室壁面内产生一个淬熄层，受低温缸壁的冷却而得不到燃烧。另外，当燃烧条件不利，或局部混合气不均匀，如火花塞周围的空隙，活塞和气缸盖间的挤气间隙等，造成部分混合气未燃烧完就随废气排出。

由于使用中混合气过浓、过稀、雾化不良或混入的废气过多，都会引起火焰传播不良，造成燃烧不完全或不能燃烧，都会增加 HC 排放量。另外，曲轴箱、燃油箱及化油器等处的燃油蒸气的逸出，是 HC 的另一来源。

9.1.2.3 NO_x 的形成

NO_x 是在燃烧室高温高压状态下，空气中氧和氮生成 NO 和少量的 NO_2。NO 在排入大气后又氧化成 NO_2。

在高温（1 000 ℃以上）条件下，首先是氧分子分解成氧原子，而后分子状态的氮与原子状态的氧，或氧分子与氮原子碰撞生成 NO。

NO_x 的生成量随着燃烧的最高温度升高，高温持续时间增长，混合气含量（稍大于 1）、压缩比增大等而增加；反之，可降低 NO_x 的生成量。

柴油机压缩比高，混合气大部分在 $\alpha > 1$ 的情况下，因而 NO_x 是柴油机排放中的主要有害成分。

9.1.2.4 SO₂的形成

石油加工中馏出的燃料中所含硫的氧化物，在燃烧后几乎全部转化为 SO_2，其中一部分氧化成 SO_3，并与水反应形成硫酸后，再转化为硫酸盐。

9.1.2.5 碳烟和颗粒

碳烟是燃油没有完全燃烧时裂解后形成的产物。当排气中碳的悬浮颗粒浓度达 $0.15\ g/m^3$ 时，就会形成可见的黑烟。

颗粒主要是碳及沉积下来的高沸点碳氢化合物和硫等无机物，此外还有金属化合物、硫酸盐、胺类等。

9.1.3 降低排放污染的措施

9.1.3.1 机内措施

（1）压缩比。如图 9 - 1 所示，降低压缩比可降低 HC 和 NO_x 的形成。因为压缩比增加，使得气缸内的工作温度升高，有利于 NO_x 的产生。压缩比增加，使得淬熄层的厚度增加，不燃烧的 HC 的量增加。降低 HC 主要是避免死角和在膨胀及排气过程中进行氧化反应。降低 NO_x 主要是降低燃烧期间的温度。较高的燃烧温度和过量的氧有利于 CO 氧化成 CO_2。

（2）燃烧室形状。紧凑的燃烧室面容比较小，通过工质的紊流或涡流减小淬熄层，HC 排放就少。

浓混合气通过内部冷却和较低的燃烧速度来降低最高温度，从而使 NO_x 排放下降。柴油机的分开式燃烧室的 NO_x 排放量比直喷式的低。

（3）混合气成分。图 9 - 2 示出混合气成分对 CO，HC，NO_x 的影响。在理论空燃比（$A/F = 14.8$）以内，随空燃比下降，混合气变浓，燃烧时氧气相对不足，CO，HC 迅速增多，NO_x 急剧下降。$A/F = 16$ 附近，CO，HC 排量很少，而 NO_x 排量最大。$A/F > 17$ 时，随空燃比的增加，有少量的 CO 生成，是因为混合气局部缺氧所致。同时，由于氧化反应速度变慢，燃烧温度下降，使 HC 排量又有增加，NO 排量迅速下降。

（4）配气定时。合理选择配气定时，能够降低 NO_x 排放量。

（5）汽油机的点火提前角。点火提前角减小时，后燃增加，气缸及排气温度上升，促进了未燃烧成分的氧化，使 HC 及 NO 排放含量均减小。当点火提前角增加时，则 HC 和 NO 排放含量增加。

（6）进气系统。进气系统温度升高，会使燃烧温度升高，NO_x 排放量增加。因此，增压柴油机的空气中间冷却是减少 NO_x 排量的有效措施。

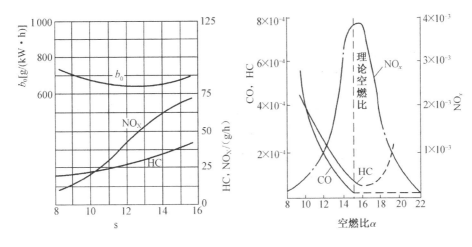

图 9 - 1   压缩比对排放的影响

图 9 - 2   排气中 CO，HC 和 NO_x 排量与空燃比的关系

（7）燃油喷射系统。燃油喷射系统的喷油时刻、喷油量，柴油机的喷油规律和雾化质量，对排放均有影响。柴油机的喷油时刻，直接影响燃烧，延迟喷油可以减少 NO_x 的排放，但过迟将导致 CO 的增加。

9.1.3.2   机外措施

用附设在发动机外部的装置，把废气净化后再排出机外，称为机外净化措施。

（1）废气再循环。如图 9 - 3 所示，在排气管中取出一定流量的废气使其回流到进气管侧，通过部分废气的再循环，可以有效地降低燃烧的最高温度，从而使 NO_x 生成量减少。但是废气再循环仅适用于部分负荷，在全负荷时会使功率下降，在怠速时会发生熄火。

根据发动机负荷及转速控制废气再循环量。当负荷增加或转速升高时，化油器喉管真空度增加，即可克服回位弹簧的预紧力，使膜片上移带动开启废气阀，从排气管进入的废气引入进气管。真空度增加，阀门开启量增大，废气再循环量增加。怠速时喉管真空度降低，阀门关闭，废气不再循环。

（2）二次空气喷射。这种装置是将新鲜空气喷射到排气口处，使高温废气与空气混合，利用废气中的高温，将未燃的 HC 和 CO 氧化，达到排气净化的目的。

如图 9 - 4 所示，新鲜空气由空气泵 2 抽取，经止回阀 4 和喷管 6 送到排气门 7 附近；另一路从化油器 10 下侧，经防回火阀 9 送入进气管乳减速

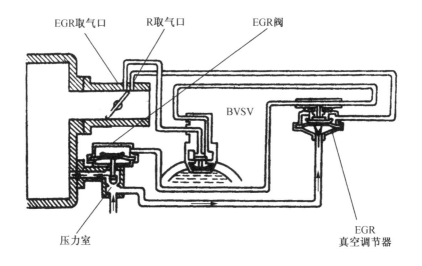

EGR取气口　　　R取气口　　　　　EGR阀

BVSV

压力室

EGR
真空调节器

图 9 - 3　废气再循环装置（EGR）

时，进气真空度增大，防回火阀9打开暂时把空气吸入进气管8，对混合气进行稀释，便燃烧完全并防止后燃。高速时空气由溢流阀排出。

该装置对 NO，不起作用。另外，由于废气停留时间短，冷却过快，火焰易熄灭，HC 燃料部分氧化时烟度增加。

（3）催化器。各类催化器如图 9 - 5 所示。利用催化剂的作用，通过氧化还原反应，对废气进行有效净化。

①氧化催化器。氧化催化器是在 $\alpha < 1$ 时适用。当发动机在稀混合气工况，或引入二次空气后，使氧气过量时，氧化催化器能将废气中的 CO 和 HC 氧化成 CO_2 和 H_2O，对 NO_x 不起作用。

②还原催化器。还原催化器是在 φ_{at} 时适用。当发动机工作在浓混合气工况，或存在还原成分（CO 和 HC）时，还原催化器能将 NO 还原 N_2，同时，CO 和 CH 被氧化成 CO_2 和 H_2O。

③三元催化器。它是可以同时进行氧化－还原反应，降低 HC，CO 和 NO_x，排量的装置。三元催化器构造如图 9 - 6 所示，废气穿过催化剂（图中箭头所示）时，在催化剂作用下，降低反应温度，提高反应效率，在短时间内得到净化。

三元催化器的性能受空燃比的限制。当混合气变浓时，CO 和 HC 的转换率降低；当混合气变稀时，NO，的转换率降低；只有 $\alpha = 0.986 \sim 1.005$，三元转化效率最高。因此，使用化油器的发动机很难与其匹配。只有电控燃

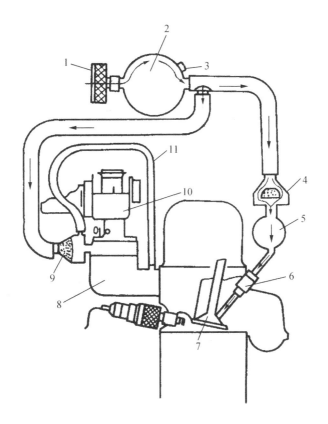

图 9-4 二次空气喷射装置

1. 空气滤清器；2. 空气泵；3. 空气溢流阀；4. 止回阀；5. 空气分配管；6. 空气喷管；
7. 排气门；8. 进气管；9. 防回火阀；10. 化油器；11. 防回火管

油喷射发动机，才能通过氧传感器，有效控制各工况混合器的空燃比，保证整个运行工况范围内与催化器匹配。

催化器的缺点是催化剂容易中毒。有许多种物质（如铅、硫、磷等）能够使催化剂中毒。中毒的催化剂活性降低或失去作用。

磷中毒：燃料中存在的磷，或润滑油添加剂中分解出来的磷是主要污染源。磷中毒后的催化剂对 HC 的氧化作用受到破坏。

铅中毒：铅主要对氧化催化剂产生毒性。铅的氧化物呈固体颗粒，能够堵塞催化器，使其失去作用。

硫中毒：无铅汽油中含有硫时，燃烧后生成 SO_2，在氧的作用下生成 SO_3，与水结合形成硫酸，使催化器对 CO，HC 和 NO 的活性下降。

（4）曲轴箱通风（PCV）系统。如图 9-7 所示；曲轴箱窜气（HC）

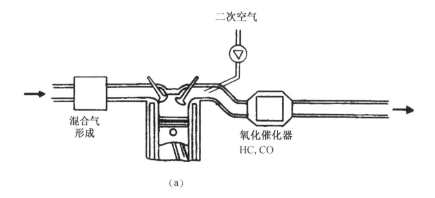

（a）

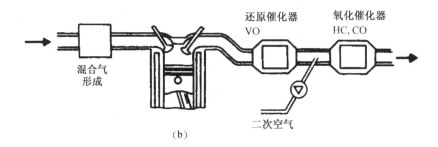

（b）

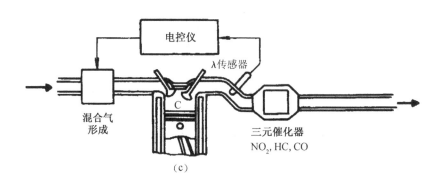

图9-5 各类催化器

（a）单链、氧化催化器；（b）双链催化器；（c）单链三元催化器

被送到进气歧管，使其进入气缸燃烧。

当发动机在部分负荷运行时，窜气经 PCV 阀与来自空气滤清器的新鲜空气混合，被送入进气歧管。当发动机在全负荷运行时，进气歧管中真空度

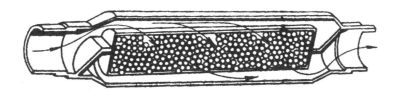

图 9 - 6 三元催化器剖视图

增加，PCV 阀的通过能力相应不足，所增加的真空度把窜气同时吸入空气滤清器，并经化油器进入燃烧室。

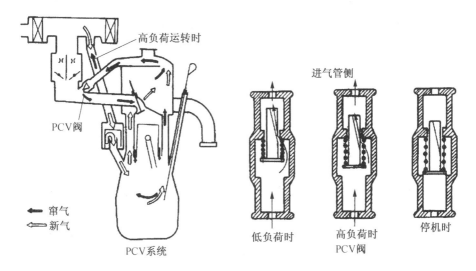

图 9 - 7 闭式曲轴箱强制通风系统

（5）燃油蒸发控制（EVAP）系统。为了减少 HC 蒸气排入大气，采用活性炭吸附法，将来自汽油箱和化油器浮子室等处的燃油蒸气，经碳罐进入进气歧管，使其在气缸中燃烧。

燃油蒸气控制系统如图 9 - 8 所示。

9.1.4 汽车排放污染限制

我国对汽车排放污染的限制与发达国家还有一定的差距。1983 年以来，关于汽车排气污染物限值及测量方法的国家标准越来越健全。

汽车排放标准按适用范围，可分为在用汽车和生产汽车两方面。

9.1.4.1 在用汽车排放标准

2001 年 7 月 1 日起，按国家质量技术监督局发布的 GB18285—2000

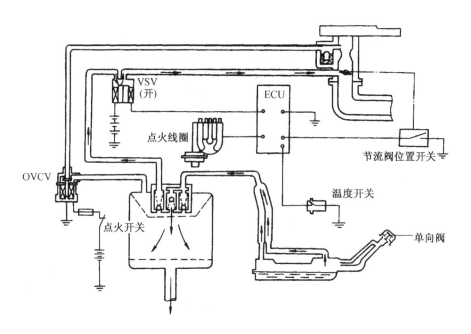

图 9 - 8　燃油蒸气控制系统

《在用汽车排气污染物限值及测试方法》实施。装配点燃式发动机的车辆进行怠速试验、双怠速试验，按 GB/T3845—1993《汽油车排气污染物的测量怠速法》的规定进行试验；加速模拟工况试验，按 GB18285—2000 的附录 A《加速模拟工况试验》的规定进行试验。标准中还规定了以上三种工况汽车排气污染物限值。

装配压燃式发动机的车辆进行自由加速试验，自由加速排气可见污染物试验，按 GB18285—2000 附录 B《自由加速排气可见污染物试验》的规定进行试验。自由加速烟度，按 GB/T3846—1993《柴油车自由加速烟度的测量滤纸烟度法》的规定进行试验。标准中还规定了装配压燃式发动机的车辆，自由加速试验排气可见污染物限值和烟度排放限值。

9.1.4.2　生产汽车排放标准

国家环境保护总局和国家质量监督检疫总局，于 2001 年 4 月 16 日联合发布了三项汽车污染物排放标准。我国现行的生产汽车排放标准有：

（1）GB18352.1—2001《轻型汽车污染物排放限值及测量方法（Ⅰ）》。

（2）GB18352.2—2001《轻型汽车污染物排放限值及测量方法（Ⅱ）》。

（3）GB17691—2001《车用压燃式发动机排气污染物排放限值及测量方法》。

（4）GB3847—1999《压燃式发动机和装用压燃式发动机的车辆排气可见污染物限值及测试方法》。

（5）GB/T17692—1999《汽车用发动机净功率测试方法》。

按以上标准规定，目前对排放的限制能达到欧洲Ⅰ标准，并逐渐向执行欧洲Ⅱ标准过渡；重要城市达欧Ⅲ、欧Ⅳ标准。

9.2　发动机噪声及控制

发动机的噪声是汽车的主要噪声源，主要有空气动力性噪声、燃烧噪声和机械噪声等。

9.2.1　噪声的产生及影响因素

9.2.1.1　空气动力性噪声

空气动力性噪声主要包括进气噪声、排气噪声和风扇噪声。

（1）进、排气噪声。由于发动机在进、排气过程中，气体压力波和气体流动引起的振动噪声，以及高速气流通过排气门和排气管道时，所产生的涡流噪声，自由排气阶段喷注的冲击噪声等。其中排气噪声是发动机中最强的噪声。产生的机理是当排气门打开出现缝隙时，废气以脉冲形式从缝隙冲出，能量很高，形成强烈的噪声。

（2）风扇噪声。主要是由风扇旋转的叶片打击空气；使空气产生涡流噪声。风扇的形式、叶片的形状、布置，以及叶片的材料，对风扇噪声均有影响。近年来，由于普遍装设了空调系统和排气净化装置，使冷却风扇的负荷加大，风扇噪声有所提高。

9.2.1.2　燃烧噪声

将气缸内燃烧时因压力急剧变化产生的动载荷和冲击波引起的强烈振动，通过缸盖、缸套等向外辐射的噪声称燃烧噪声。

燃烧噪声是在燃烧时，气缸内压力急剧上升的气体冲击而产生的，以高频为主。燃烧噪声的大小，主要与速燃期中的压力升高率有关。压力升高率越大，噪声越大。柴油机由于压缩比较高，压力升高率大，燃烧时噪声比汽油机大得多。汽油机在发生爆燃和表面点火时，压力升高率剧增，会产生强烈噪声。

总之，噪声强度受发动机转速、负荷、点火或喷油时间、加速运转和不正常燃烧等因素影响。转速升高、负荷加大，噪声增大；点火或喷油时间推迟，噪声减小；加速和不正常燃烧时噪声增大。

9.2.1.3 机械噪声

机械噪声是发动机零部件之间机械撞击所产生的振动而激发的噪声，主要包括活塞对气缸壁的撞击噪声、配气机构噪声、正时齿轮噪声和供油系噪声。

由于活塞与缸壁之间有间隙，在燃烧时气体压力及运动权性力的作用下，使活塞对缸壁的侧向推力，在上下止点处改变方向，且呈现周期性变化，从而形成活塞对缸壁的强烈敲击声。当缸壁间隙增大、燃烧最高压力变大、转速及负荷提高、缸壁润滑条件变差时，噪声随之增大。活塞敲击声是发动机的主要噪声源。

气门机构在气门开启与关闭时，产生撞击和系统振动噪声。它主要受气门运动速度的影响。气门运动速度提高，由于惯性力激发的振动加强，噪声加大。

正时齿轮噪声是因齿轮承受交变载荷，啮合传动中齿间发生撞击和摩擦等。

供油系的噪声主要是由于喷油泵和高压油管系统的振动所引起。

9.2.2 降低发动机噪声的措施

9.2.2.1 噪声控制

（1）进气噪声的控制。采用进气消声器，并结合对空气滤清器设计的改善，使其既能满足进气、滤清的要求，又能使进气噪声衰减。

（2）风扇噪声的控制。选择适当的风扇断面形状及安装角，选用低噪声、功率消耗小的玻璃钢、尼龙等材料，合理配置冷却系统各部件之间的相对位置。

（3）燃烧噪声控制。控制燃烧爆发力和减少不正常燃烧，适当推迟喷油或点火时间、选用十六烷值较高的柴油和辛烷值较高的汽油、改变燃烧室形状等，达到使燃烧的压力升高率适当下降的目的。

（4）机械噪声的控制。控制转速和减小惯性力。转速升高，活塞的平均速度加快，惯性力也会增加，因而引起活塞敲击、轴承撞击、缸盖和机体变形等机械振动，使噪声加强。因此减轻配气机构零件的质量，提高刚度，减小气门间隙，都可以减轻噪声。

正确选择运动件间的配合间隙，保证零件良好的精度和尺寸，如活塞与缸壁、气门机构、轴与轴承、齿轮等。减小内部机构的振动，降低机械噪声。

在柴油机供给系中，可通过提高喷油泵体刚度，减小油泵压力脉动，减小运动件之间的冲击和摩擦等，降低其噪声。

适当增加曲轴刚度、减小曲轴转动惯量，合理排列发火顺序，采用抗扭振性能好的球墨铸铁材料、加装扭转减振器等，可减小曲轴的扭转振动，也可降低机械噪声。

（5）采用隔声、防振措施。可在机体侧壁加装隔声罩；采用双层油底壳，在壳体表面涂敷减振涂层；进排气管设置防振支承等，可降低噪声。

9.2.2.2 噪声测定及限制

人耳对声音的感觉取决于声压和频率。振动产生的声波作用于物体上的压力称为声压。当声压增大 10 倍时，人耳感觉到的响度仅 1 倍，因而声学上采用一个成倍数关系的对数量，即声压级来表示声音的强弱。

$$L_p = 20\lg \frac{p}{p_0}$$

式中：L_p——声压级，dB；

p_0——基准声压，国际标准规定为 2×10^{-5}Pa；

p——被测声压，Pa。

声压级范围为 0~120 dB。

噪声的测量仪器主要有声级计和频谱分析仪。声级计是用来测量声压级的仪器，设有 A，B，C，D 四种计权网络。其中 D 挡为飞机噪声专用的计权网络。测噪声时，通常测取 A，C 声级，常设 A，B，C 三挡计权网络，并有相应的旋钮来控制。通过不同挡位的调整，声级计指示的声压级相应为 A，B，C 声级。因为 A 声级能较好地反映人耳对噪声的主观感觉，所以在一般的噪声测量中，都采用 A 挡。对于某些低频率成分较为突出的噪声，可同时测量 C 声级。

频谱分析仪是用来测 T 噪声频谱的仪器。通过它可以对噪声频率成分进行分析，找出噪声中哪些频率成分的分贝值较高，以便寻找噪声来源，采取降低噪声的措施。

一般发动机的噪声，可按以下经验公式求出。

四冲程直喷柴油机：

$$dB(A) = 30\lg n + 50\lg d - 48.5$$

四冲程间接喷射式柴油机：

$$dB(A) = 431\lg n + 60\lg d - 98$$

汽油机：

$$dB(A) = 50\lg n + 60\lg d - 114.5$$

式中：n——发动机转速，r/min；

d——气缸直径，mm。

小型风冷汽油机声功率限值见表 9-3（GB15739—1995）。

表 9-3　风冷汽油机声功率限值

汽油机类型		≤1.5 kW	>1.5~3 kW	>3~6 kW	>6~10 kW	>10~15 kW	>10~15 kW
低噪声型 /dB(A)	二冲程	102	104	108	110	—	—
	四冲程	99	102	106	108	111	114
一般型 /dB(A)	二冲程	104	106	110	112		
	四冲程	101	104	108	111	113	116
高噪声型 /dB(A)	二冲程	108	110	112	114	—	—
	四冲程	103	106	110	112	115	118

水冷汽油机噪声声功率限值应不大于 110 dB(A)。

中小柴油机功率和噪声限值见表 9-4 和表 9-5（GB14097—1999）。

表 9-4　中小柴油机功率

标定功率 P_b /kW	标定转速 n_b/（r/min）			
	$n_b ≤ 2\,000$	$2\,000 < n_b ≤ 2\,500$	$2\,500 < n_b ≤ 3\,000$	$n_b > 3\,000$
$P_b ≤ 17$	105	106	107	108
$17 < P_b ≤ 22$	106	107	108	109
$22 < P_b ≤ 28$	106	108	109	110
$28 < P_b ≤ 35$	108	109	110	111
$35 < P_b ≤ 45$	109	110	111	112
$45 < P_b ≤ 55$	110	111	112	113
$55 < P_b ≤ 70$	111	112	113	114
$70 < P_b ≤ 85$	112	113	114	115
$85 < P_b ≤ 105$	113	114	115	116
$105 < P_b ≤ 135$	114	115	116	117
$135 < P_b ≤ 175$	115	116	117	118
$175 < P_b ≤ 220$	116	117	118	119
$220 < P_b ≤ 275$	117	118	119	120
$275 < P_b ≤ 340$	118	119	120	121
$340 < P_b ≤ 430$	119	120	121	122

续表 9 - 4

标定功率 P_b /kW	标定转速 n_b/（r/min）			
	$n_b \leqslant 2\,000$	$2\,000 < n_b \leqslant 2\,500$	$2\,500 < n_b \leqslant 3\,000$	$n_b > 3\,000$
$430 < P_b \leqslant 545$	120	121	122	—
$545 < P_b \leqslant 680$	121	122	123	—
$680 < P_b \leqslant 860$	122	123	—	—
$860 < P_b \leqslant 1\,080$	123	124	—	—
$1\,080 < P_b \leqslant 1\,176$	124	125	—	—

注：对直喷式柴油机噪声限值，允许按表数值相应加 1dB(A)。

表 9 - 5　不同冷却方式柴油机噪声限值

冷却方式	标 定 功 率 P_b/kW	
	$\leqslant 9.5$	>9.5
	噪声限值 L_w/dB	
水冷	105	107
风冷	107	

注：对直喷式柴油机噪声限值，允许按表数值相应加 1dB(A)。

复习思考题

1. 发动机排放污染物质有哪些？对人和环境有哪些影响？
2. 发动机各种污染物是怎样产生的？与哪些因素有关？
3. 如何降低汽油机和柴油机的排放污染物含量？
4. 发动机各种噪声产生的原因是什么？与哪些因素有关？
5. 降低发动机噪声有哪些措施？
6. 发动机噪声限值是怎样的？如何估算发动机噪声？

参考文献

[1] 中国标准出版社. 汽车国家标准汇编 [M]. 北京：中国标准出版社，1999.

[2] 孙凤英，阎春利. 汽车性能 [M]. 哈尔滨：东北林业大学出版社，2008.

[3] 董敬，庄志，常思勤. 汽车拖拉机发动机 [M]. 北京：机械工业出版社，2009.

[4] 吕彩琴. 汽车发动机电控技术 [M]. 北京：国防工业出版社，2009.

[5] 陈培陵. 汽车发动机原理 [M]. 北京：人民交通出版社，2001.

[6] 吴际璋. 汽车构造 [M]. 北京：人民交通出版社，2001.

[7] 陈家瑞. 汽车构造 [M]. 5 版. 北京：人民交通出版社，2006.

[8] 吴建华，王军. 汽车发动机原理 [M]. 北京：国防工业出版社，2012.

[9] 吴建华. 汽车发动机原理 [M]. 北京：机械工业出版社，2005.

[10] 范迪彬. 汽车结构 [M]. 合肥：安徽科学技术出版社，2001.

[11] 林学东. 发动机原理 [M]. 北京：机械工业出版社，2008.

[12] 王建昕，帅石金. 汽车发动机原理教程 [M]. 北京：清华大学出版社，2011.

[13] 刘峥，王建昕. 汽车发动机原理教程 [M]. 北京：清华大学出版社，2001.

[14] 汽车工程手册编委会. 汽车工程手册（设计篇）：汽车产品的新发展 [M]. 北京：人民交通出版社，2001.

[15] 中国标准出版社. 汽车国家标准汇编发动机卷（上）、（下）[M]. 北京：中国标准出版社，1999.

[16] 许洪国. 汽车运用工程 [M]. 北京：人民交通出版社，2009.

[17] 冯健璋. 汽车发动机原理与汽车理论 [M]. 北京：机械工业出版社，2005.

[18] 张志沛. 汽车发动机原理 [M]. 3 版. 北京：人民交通出版社. 2011.

[19] 陈礼璠，杜爱民，陈明. 汽车节能技术 [M]. 北京：人民交通出版社，2009.

[20] 秦煜麟. 机动车运行安全技术条件（宣传材料）[M]. 北京：中国标准出版社，1997.

[21] 严家禄. 工程热力学 [M]. 北京：高等教育出版社，1989.

[22] 华自强，张忠进. 工程热力学 [M]. 北京：高等教育出版社，2000.

[23] 曾丹苓. 工程热力学 [M]. 北京：高等教育出版社，2002.

[24] 顾宏中. 涡轮增压柴油机性能研究 [M]. 上海：上海交通大学出版社，1998.

[25] 王文山. 柴油发动机管理系统 [M]. 北京：机械工业出版社，2009.

[26] 杨嘉林. 车用汽油发动机燃烧系统的开发 [M]. 北京：机械工业出版社，2009.

附　录

附录一　发动机台架试验

发动机台架试验是将发动机与测功设备及各种测试仪器组成一个测试系统，按照规定的方法和要求（即标准）模拟发动机实际使用的各种工况所进行的试验。

发动机各项性能指标、参数以及各类特性曲线通常都是通过发动机台架试验所测定的。

一、发动机台架试验标准

目前，世界各国都根据各种发动机的用途和使用条件制定了相应的试验标准，用于考核和评价发动机主要性能指标和设计参数的合理性。国际发动机会议（CIMAC）和国际标准化组织（ISO）所制定的若干发动机试验规范和标准，拟为各会员国统一执行的标准。世界各国通常按发动机的种类和用途还制定了各自的国家标准。

我国制定了发动机性能台架试验方法（国家标准 GB/1105. 1～3—87）。其中包括：

（1）标准环境状况及功率、燃油消耗和机油消耗的标定；

（2）试验方法；

（3）测量技术。

针对汽车发动机制定了相应的试验方法国家标准，包括：

1. 汽车发动机性能试验方法（GB/T 18297—2001）

汽车用发动机性能台架试验方法，其中包括各种负荷下的动力性及经济性试验方法，无负荷下的起动、怠速、机械损失功率试验方法及有关汽缸密封性的活塞漏气量及机油消耗量试验方法等，用来评定汽车发动机的性能。

本标准适用于轿车、载货汽车及其他陆用车辆的发动机，不适用于摩托车及拖拉机用发动机。

2. 汽车发动机可靠性试验方法（GB/T 1905—2003）

本标准规定了汽车发动机在台架上进行可靠性试验的基本方法。

凡新设计或重大改进的发动机定型试验、转厂生产的发动机验证试验等均按本标准规定的方法进行。

试验的目的是在台架上使发动机受到较大的实际交变机械负荷和热负荷，并提高单位时间内的交变次数，以期在较短的时间内考验发动机的可靠性。

本标准规定了试验条件、试验程序、可靠性试验方法、测量项目及数据整理、考核及评定项目等内容。

3. 汽车发动机定型试验规程（QC/T 526—1999）

凡新设计或重大改进的汽车发动机在投入生产准备前，必须按本规程进行定型试验，考核其性能、可靠性和耐久性是否达到经主管部门批准的设计任务书的要求，为发动机定型提供主要依据。

本标准规定了实施条件、组织与领导、定型试验项目、定型试验程序、定型试验的评定等内容。

上述三个有关汽车发动机试验方法的标准，是参照国际标准 ISO 3046—3：1989《道路车辆用发动机试验规范——净功率》等国外先进标准制定的，在测量精度、进气标准状态、功率校正和试验条件控制等方面的规定均符合 ISO 的要求，标准本身达到了国际标准先进水平。

二、发动机试验台架装置

1. 试验台架装置

典型的发动机试验台架装置的组成及布置如附图 1 所示。它主要包括试验台架，辅助系统，各种测量仪器、仪表及操纵台。

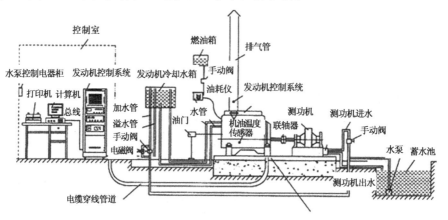

附图 1　典型的发动机试验台架装置简图

（1）试验台架

它是将待测发动机与测功器用联轴器连接，并固定于坚实、防震的水泥基础上，基础振幅一般不得大于 0.05~0.1 mm，安装发动机的铸铁支架和底板常做成可调节高度和位置的形式，以便迅速拆装和对中。

（2）辅助系统

例如为了保持发动机工作时冷却液温度不变，必须有专门可调水量的冷却系统。燃料应由专用油箱通过油量测量装置供给发动机。又如发动机排出的是高温有毒气体，排气噪声又是主要噪声源，故实验室内须有特殊通风装置，废气要经消声后排出等。

（3）各种测量仪器、仪表及操纵台

随着发动机研究工作的深入和发展，对试验设备和手段提出更高要求，通常要求有测试精度高，测量和记录速度快，能同时测量与储存大量数据，并能对数据处理和分析的数据采集系统等。因此，台架试验越来越多地采用自动控制，并有计算机控制的自动化台架。

现以湘仪动力测试仪器有限公司生产的 FC2000 发动机自动测控系统为例。该系统在设计过程中采用了国际最流行的单片机技术、现场总线技术和模块化技术，并将奥地利 AVL 公司在发动机自动测控领域的成功经验与国内的实际情况相结合而精心设计的大型测控系统。主要用于各种类型的柴油机、汽油机、天然气、液化气发动机性能试验和出厂试验。它可与国内外各种不同的水力、电涡流、电车测功机配套，用于控制和测量发动的转速、转矩、功率、燃油/燃气消耗量、温度、压力、流量等不同类型的参数。

FC2000 发动机自动测试系统框图见附图 2。

由于发动机台架试验需测定的参数较多，故使用的仪器设备也较多，现重点介绍测定功率所必需的主要设备——测功机。

2. 制动式测功机

测功机用来吸收试验发动机的输出功率，调整其负荷及转速，模拟使用工况，满足试验标准中的试验项目要求。

常用测功机有水力测功机、电力测功机及电涡流测功机三种。

（1）水力测功机

水力测功机是利用各种形式的转动部件在壳体内的水中转动，通过水的摩擦与撞击而制动消耗能量的。根据其结构特点可分为柱销式（容克斯式）、圆盘式、旋涡式等。其控制转矩特性：

$$M_T = C_f \frac{1}{2} \rho n^2 D^3$$

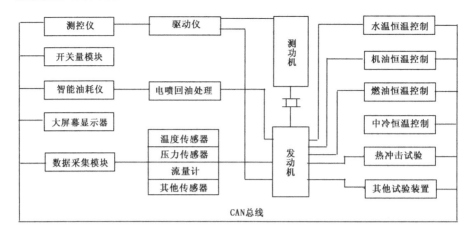

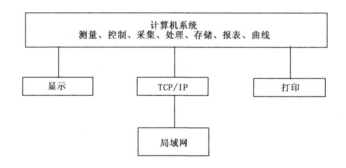

附图 2 FC2000 发动机自动测试系统框图

式中：C_f——阻力系数；

ρ——液体（水）的密度；

n——转速；

D——回转部分代表直径。

不同结构的水力制动器阻力系数 C_f 和代表直径 D 均不相同。

现以普通旋涡式制动水力测动机为例，说明其结构（附图 3）、工作原理及其特性。

测功机由制动器和测力机构组成。制动器结构如附图 3 所示，转子 2 由滚动轴承支承在外壳 4 上，外壳又支撑在有弹性的固定支承 5 上，可来回摆动，外壳通过一悬臂杠杆支承在测力机构或拉压传感器上（图中均未画出）。工作介质——水通过进水管 13 同时进入两侧的进水环室 8，然后由定子叶片 6 上的钻孔 14 进入涡流室中心。转子使水在涡流室中作旋转运动，通过水与外壳的摩擦，使外壳摆动。控制阀 11 控制出水量以调节水层厚度，

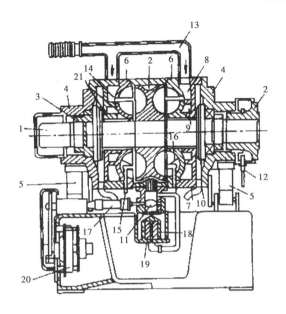

附图3　水力测功机结构图

1—转子轴；2—转子；3—联轴节；4—外壳；5—弹性支承；6—定子；7—隔板；8—进水环室；
9—分隔室；10—排水室；11—控制阀；12—转速传感器；13—进水管；14—进水孔；15—排水孔；
16—回水孔；17—稳流器；18—浮动活塞阀；19—活塞座；20—伺服电动机；21—无接触密封

水层愈厚，水与外壳摩擦力矩愈大，吸收功愈多，此时外壳摆动角度也愈大，测力机构上的读数随之增加。这样发动机输出的机械能被水吸收变为热能并将转矩传递到外壳上，由测力机构测出。

（2）电力测功机

电力测功机又分为直流测功机和交流测功机，其测功原理相同。

它由平衡电机、测力机构、负载电阻、励磁机组、交流机组和操纵台所组成。

平衡电机的结构如附图4所示。转子1由发动机带动，在外壳——定子磁场中旋转，则转子线圈切割磁力线而产生感应电流，此感应电流的磁场与定子磁场相互作用而产生方向相反的电磁力矩。定子外壳受到的电磁力矩与转子旋转方向相同，大小与发动机加于转子的转矩相等。定子外壳浮动地支撑在轴承上，其上有杠杆与测力机构相连（图中均未画出），依靠外壳摆动角的大小来指示测力机构读数。平衡电机发电可输入电网，也可将电能消耗于负载电阻上。在一定转速下，改变定子磁场强度及负载电阻即可调节负荷大小。平衡电机在吸收发动机功率时即作为发电机运行，加一换向机构作电动机运行时则可拖动发动机，从而测量发动机的摩擦功率和机械损失，还可用于起动和磨合。

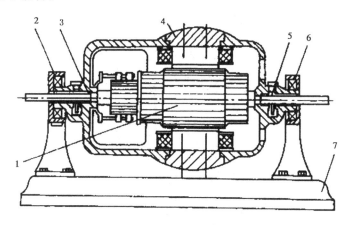

附图4　平衡式发电机的结构

1—转子；2、6—滚动轴承；3、5—滑动轴承；4—定子外壳；7—基座

交流机组由交流异步电机和直流电机组成，当平衡电机作发电机运行时，其发出的直流电由交流机组变成三相交流电输入电网。当其作电动机运行时，交流机组又把三相交流电变为直流电送入平衡电机的电枢中。

励磁机组是小型交流机组，它供给平衡电机及交流机组励磁电流以产生磁场。

电力测功机虽机构较复杂，价格高，但它可以反拖发动机，回收电能，工作灵敏，测量精度高，因而得到广泛应用。

（3）电涡流测功机

电涡流测功机是利用涡电流效应将被测试发动机的机械能转变为电能，继而又转为热能的过程。它由制动器、测力机构及控制柜组成。制动器工作原理如附图5所示。

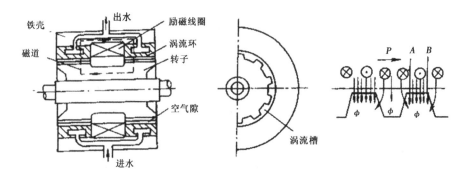

附图5　电涡流测功机工作原理图

P—电功率；φ—磁通；A、B—分别为励磁线圈的两个端面

涡流环内产生感应电动势而形成涡电流的流动，此电流与产生的磁场相互作用即形成一定的电磁转矩，从而使浮动在架上的定子偏转一定角度，由测力机构测出（图中未画出）。

调节励磁电流大小，即可调节电涡流强度，从而调节吸收负荷的能力。涡流电路有一定电阻，故在涡流环内产生一定的电能损耗，使涡流环发热。所以涡流环须用水强制冷却。

电涡流测功机不能反拖发动机，能量不可回收，价格较贵。但操作简便，结构紧凑，运转平稳，精度较高，也得到了广泛应用。

附录二　汽车排放标准

20 世纪 60 年代以来，全球范围内由于汽车尾气引起的大气污染日趋严重，许多国家纷纷通过制定机动车排放法规来为解决这一问题而做出努力。逐步严格的排放法规，给汽车和发动机制造商提出了巨大的挑战和新的发展机遇，一些实力强大的汽车制造商和研发机构也不断推出满足新排放法规的产品，这对控制汽车排放对大气的污染起到了积极的推动作用。

一、国外汽车排放法规与控制历程

汽车排放控制最早起源于美国的加利福尼亚州，1960 年，美国加利福尼亚州颁布了世界上第一部汽车排放法规。1963 年美国政府制定了《大气清洁法》，其后进行了多次修订和补充，逐步严格化，但在 1968 年以前美国一直采用加州汽车排放标准。从 1968 年起美国才有了联邦汽车排放标准，之后几乎是逐年严格化。但是直到目前为止，加州汽车排放标准仍然是世界上最严格的控制汽车排放标准。继美国之后，日本和欧洲经济委员会分别于 1966 年和 1970 年相继制定了机动车排放法规和标准。

1. 国外轻型汽车排放法规演变

纵观世界各国汽车排放法规体系基本上是按照美国、日本和欧洲的汽车排放法规体系建立的，其形成和发展大体上可分为三个阶段：

（1）第一阶段（1966 ~ 1974 年）汽车排放法规的形成阶段。

这一阶段，美、日、欧等分别制定了国家汽车排放标准，从控制汽油车曲轴箱窜气排放的 HC 开始，到限制怠速排放的 CO，HC 浓度，然后逐步实施工况法控制尾气中 CO，HC，NO_x 的排放量，见附表 1，1971 年之前主要是对 CO，HC 的限制，1971 年起美国加州首先采用 7 工况连续取样对 NO_x 实施控制；1973 年美国和日本分别采用 LA - 4C 工况和 10 工况 CVS 取样增

加对 NO_x 的限制。1970 年欧洲经济委员会制定了统一的 ECE 排放法规，供欧洲各国使用，主要是对 CO，HC 的限制。在此阶段，采用的排放控制技术主要是发动机改造，包括燃烧系统的改进，如稀化空燃比、延迟点火、进气预热等；化油器的改进，如由简单化油器改为带有多项净化装置的复杂化油器，并提高化油器的流量控制精度。另外，一些国家开始采用 EGR（废气再循环）装置降低 NO_x 的排放量。

附表 1　国外 1975 年前汽车排气限制标准

国家试验规范	1969	1970	1971	1972	1973	1974	1975
美国联邦试验规范 CO/（g/mile）③	7 工况循环，连续取样，用 NDIR 分析 CO 及 HC			LA－4C 工况 CVS－1 取样① 综合分析仪②			LA－4CH 工况 CVS－3 取样 综合分析仪②
HC/（g/mile） NO_x/（g/mile）	1.5% 275x 10⁻⁶	23 2.2	23 2.2	39 3.4	39 3.4 3.0	39 3.4 3.0	15 1.5 3.1
国家试验规范	1969	1970	1971	1972	1973	1974	1975
美国加利福尼亚州试验规范 CO/（g/mile）	7 工况循环，连续取样，用 NDIR 分析 CO、HC 及 NO_x			LA－4C 工况 CVS－1 取样 综合分析仪②			LA－4CH 工况 CVS－3 取样 综合分析仪②
HC/（g/mile） NO_x/（g/mile）	1.5% 275x 10⁻⁶	23 2.2	23 2.2 4.0	39 3.2 3.2	39 3.2 3.0	39 3.2 2.0	9.0 0.9 2.0

日本试验规范 CO/（g/km）	4 工况循环，连续取样，用 NDIR 分析 CO			急速	10 工况 VCS 取样 综合分析仪②		(1) 10 工况 (2) 11 工况（g/次）
HC/（g/km） NO_x/（g/km）	3.0%	2.5%	2.5%	4.5%	18.4 2.94 2.18	18.4 2.94 2.18	(1) 2.10 0.25 1.20 　 (2) 60.0 7.0 9.0
法国	急速 CO 为 4.5%			ECE 标准第Ⅰ、Ⅱ类			
原联邦德国	急速 CO 为 4.5%			ECE 标准第Ⅰ、Ⅱ类			

①CVS（Constant Volume Sampling）定容取样法简写。

②用：NDIR（不分光红外分析仪）分析 CO；EID（氢火焰离子化分析仪）分析 HC；CLD（化学发光分析仪）分析 NO_x。

③美国排气限制标准采用英制，为了便于参考，不作变动（1 g/mile = 0.621 g/km）。

（2）第二阶段（1975～1992 年）汽车排放法规的加强和完善阶段。

美国从 1975 年实施《马斯基法》并采用 FTP-75 规程 LA-4CH 工况，不断强化 CO 和 HC 限值，并逐年加强对 NO_x 的限制。同时，鉴于当时汽车技术水平，规定在大气污染严重的地区实施 I/M 制度。

日本于 1991 年在城市 10 工况循环基础上增加了高速工况，称为 10.15 工况。10.15 工况的排放限值与 10 工况相比没有改变，但由于增加了高速工况，使 NO_x 排放量增加，实质上加严了排放限值。美、日 1975 年后轻型汽车排气限制标准见附表 2。

附表 2　美、日 1975 年后轻型汽车排气限制标准

国家	试验规范（单位）	时间	小轿车			小型货车或客车		
			CO	HC	NO_x	CO	HC	NO_x
美国联邦①	LA-4CH（g/mile）	1976	15	1.5	3.1	20	2.0	3.1
		1977	15	1.5	2.0	20	2.0	3.1
		1980	7.0	0.41	2.0	18	1.7	2.3
		1982③	3.4	0.41	1.0	18	1.7	2.3
		1991	3.4	0.41	1.0	10	0.8	1.7
（美）加州①	LA-4CH（g/mile）	1976	9.0	0.9	2.0	17	0.9	2.0
		1977	9.0	0.41	1.5	17	0.9	2.0
		1980	9.0	0.41	1.0	9	0.5	2.0
		1983	7.0	0.41	0.4	9	0.5	1.0
		1990	7.0	0.41	0.4	9	0.5	1.0

续附表 2

国家	试验规范（单位）	时间	小轿车			小型货车或客车		
			CO	HC	NO$_x$	CO	HC	NO$_x$
日本[①②]	10 工况 /（g/km）	1976	2.1 (2.7)	0.25 (0.39)	0.60/0.85[⑤] (0.80/1.20)	13 (17)	2.1 (2.7)	1.8 (2.3)
		1978	2.1 (2.7)	0.25 (0.39)	0.25 (0.48)	13 (17)	2.1 (2.7)	1.8 (2.3)
		1979	↑	↑	↑	13 (17)	2.1 (2.7)	1.0/1.2[④] (1.4/1.6)
		1981	↑	↑	↑	13 (17)	2.1 (2.7)	0.6/0.9 (0.84/1.26)
		1991	↑	↑	↑	2.1/13[④] (2.7/17)	0.25/2.1 (0.39/2.7)	0.25/0.7 (0.48/0.98)
	11 工况 /（g/次）	1976	60 (85)	7.0 (9.5)	6.0/7.0[⑤] (8.0/9.0)	100 (130)	13 (17)	15 (20)
		1978	60 (85)	7.0 (9.5)	4.4 (6.0)	100 (130)	13 (17)	15 (20)
		1979				100 (130)	13 (17)	8.0/9.0[④] (10.0/11.0)
		1981				100 (130)	13 (17)	6.0/7.5 (8.0/9.5)
		1991				60/100[④] (185/135)	7.0/13 (9.5/17)	4.4/6.5 (6.0/8.5)
	10.15 工况 /（g/km）	汽油车 1991	2.1 (2.7)	0.25 (0.39)	0.25 (0.48)			
		柴油车 1986	2.1 (2.7)	0.4 (0.62)	1992.10 0.7/0.9[⑥] (0.98/1.26)			

①总质量≤1 720 kg 级标准。

②日本小型货车指乘员 10 人以下，总质量 2 500 kg 以下四冲程汽油或液化石油汽车。标准中括号内为最大允许值。

③美国联邦对小型柴油货车 PM 排放标准规定：1982 年车型＜0.6 g/

mile，1985 年车型 <0.2 g/mile，1992 年车型 <0.13 g/mile。

④用于不同等价惯性质量：1 700 kg 以下车辆/1 700 kg 以上车辆。

⑤用于不同等价惯性质量小客车：1000kg 以下车辆/1 000 kg 以上车辆。

⑥用于车辆总质量 ≤1 265 ks/（1 266 ~2 500 kg），烟度限值 50%。

欧洲 ECE 法规在这一阶段变化较大，1975 年 10 月执行 R15/01 法规，只对 CO 及 HC 进行限制。1977 年 10 月执行 R15/02 法规，采用全量（欧洲大袋）取样法增加了对 NO_x 的限制。1979 年执行的 R15/03 法规，1982 年实施的 R15/04 法规，采样方法由原来的全量取样法改为 CVS 取样法，并将 HC + NO_x 加到一起进行限制，ECE（EEC）15 工况排放标准见附表 3。1989 年开始实行的 ECE – R83 新法规，其排放限值减少到原来的 40%，并将按车辆质量划分限值改为按发动机排量划分，ECE – R83（EEC –89/491）新法规的排放限值见附表 4。

附表 3　ECE（EEC）15 工况排放标准[①]

法规及执行时间	R15/01 1975.10			R15/02 1977.10			R15/03 1979.10			R15/04 1982.10 ~1992[②]		
车辆质量/（m/kg）	排放限值/（g/次）											
	CO	HC	NO_x	CO	HC	NO_x	CO	HC + NO_x[③]	HC + NO_x[④]			
m≤750	80	6.8	10	65	6.0	8.5	50/70[⑤]	19/23.8	23.7/29.7
750 < m≤850	87	7.1	10	71	6.3	8.5	58/70	19/23.8	23.7/29.7
850 < m≤1020	94	7.4	10	76	6.5	8.5	58/70	19/23.8	23.7/29.7
1020 < m≤1250	107	8.0	12	87	7.1	10.2	67/80	20.5/25.6	25.6/32.0
1250 < m≤1470	122	8.6	14	99	7.6	11.9	76/91	22.0/27.5	27.5/34.3
1470 < m≤1700	135	9.2	14.5	110	8.1	12.3	84/101	23.5/29.4	29.3/36.7
1700 < m≤1930	149	9.7	15	121	8.6	12.8	93/112	25.0/31.3	31.2/39.1
1930 < m≤2150	162	10.3	15.5	132	9.1	13.2	101/121	26.5/33.1	33.1/41.3
2150 < m	176	10.9	16	143	9.6	13.6	110/132	28.0/35.0	35.0/43.7

①适用于最大总质量小于 2 500 kg 的汽油车和柴油车。

②EEC 为 83/351 法规，于 1984.10 执行，阻值相同，适用于最大总质量 ≤3 500 kg 的汽油车和柴油车。

③适用于乘员 ≤6 人座的客车。

④适用于乘员 >6 人座，总质量 ≤3 500 kg 的轻型车。

⑤分子为型式认证试验限值，分母为产品一致性试验限值。

附表4　1989年后 ECE - R83（EEC - 89/491）新法规

法规	发动机排量 V/L	时间	排放限值			试验规范
			CO	HC + NO$_x$	PM	
ECE - R83[①] EEC - 89/491 （g/次）	V > 20	1989.10	25/30[②]	6.5/8.1	1.1	ECE - 15 工况
	1.4 ≤ V ≤ 2.0	1991.10	30/36	8.1/10		
	V < 1.4	1992.7	19/22	5.0/5.8		
EEC MVEC - 1	车辆总质量 < 1250kg，限值单位：g/km	1993	2.72/3.16	0.97/1.13	0.14/0.18	ECE + EUDC 工况蒸发物限值（2g/次）
MVEG - 2		1996	2.22	0.5		
MVEG - 3		2000	1.5	0.2		

①适用于最大总质量 ≤ 2 500 kg，最多6人座的汽油车或柴油车，PM 只限制柴油车。

②分子为型式认证试验限制，分母为产品一致性试验限值。

这一阶段是汽车排放控制技术发展最快、各国大气质量改善最为明显的时期。三元催化转化器和电子控制燃油喷射技术就是在这一时期发展起来的。这些新技术的采用不仅使汽车排放污染物大幅度降低，而且使动力性、经济性和驾驶性能都得到了较大的改善，促进了汽车工业的技术进步。与此同时，由于使用三元催化剂，对汽油的含铅量提出较苛刻的要求，也促进了石油工业的发展，实现了汽油无铅化。

（3）第三阶段（1992年以后）加强对 HC 的控制进入低污染车时期。

以美国为代表，从1990年大幅度修改《大气清洁法》，要求到2003年以后，对 CO、HC 和 NO$_x$ 的限制以1993年为基准分别降低到50%，25% 和20%，可见法规的强化程度。

美国联邦1992年后轻型车排气限制中，汽油车总质量 ≤ 1 720 kg，耐久性运行 50 000 mile（1 mile = 1 609.344 m）内必须达到的排气限制标准见附表5，其降低 HC 的措施为逐年提高达标车的生产比例。

附表5　美国联邦1992年后轻型车排气限制标准

时间		CO	NO$_x$	HC		PM，	生产达标车/%
				总 HC	NMHC		
排气限制标准 / （g/mile）	1992	3.4	1.0	0.41		0.20	100
	1993	3.4	0.4	0.41		0.20	100
					0.25	0.08	0

续附表5

时间		CO	NO$_x$	HC		PM,	生产达标车/%
				总HC	NMHC		
排气限制标准／（g/mile）	1994	3.4	0.4	0.41		0.20	60
					0.25	0.80	40
	1995	3.4	0.4	0.41		0.20	20
					0.25	0.80	80
	1996	3.4	0.4		0.25	0.80	100
	2003	1.7	0.2		0.125	0.08	

美国加州 1992 年后总质量 ≤1 720 kg 的轻型汽、柴油车，耐久性运行 50 000mile、100 000mile 内应达到的排气限制标准见附表 6。加州 1994 年起实施严格的低排放汽车标准（LEV），分三阶段进行，即过渡低排放车（TLEV）、低排放车（LEV）、超低排放车（ULEV），最终达到零排放车（ZEV）。初步要求到 1998 年 ZEV 应占汽车生产量的 2%，2001 年占到 5%，2003 年占到 10%。

附表 6　美国加州 1992 年后轻型车排气限制标准（单位：g/mile）

车辆类别	50 000mile					100 000mile				
	NMOG	HCHO	CO	NO$_x$	微粒	NMOG	HCHO	CO	NO$_x$	微粒
1992	0.39[1] 0.41[2]	—	7.0	0.4	0.08	—	—	—	—	—
1993	0.25[1]	—	3.4	0.4	0.08	0.31[1]	—	4.2	1.0	—
TLEV　1994	0.125	0.015	3.4	0.4	—	0.156	0.018	4.2	0.6	0.08
LEV　1998	0.075	0.015	3.4	0.4	—	0.090	0.018	4.2	0.3	0.08
ULEV　1998	0.040	0.008	1.7	0.2	—	0.055	0.011	2.1	0.3	0.04
ZEV	0	0	0	0	0	0	0	0	0	0

①非甲烷碳氢化合物（NMHC）。

②指总碳氢（THC）。

日本 1992 年以后执行 10.15 工况，其排放限值见附表 7。2005 年 4 月日本中央环境会议制订了最新的削减汽车尾气排放目标的规划，主要是加强对柴油车排放的颗粒物（PM）和 NO$_x$ 的控制。同时日本还提出了对汽油车排放的颗粒物的限制规划，从 2009 年起，对安装有 NO$_x$ 还原装置的缸内直喷、稀薄燃烧的汽油机将增加新的 PM 排放限制规定，见附表8。

附表7　日本轻型车排放标准限值

车型	最大总质量（GVW）/t	实施时间	CO 10.15 工况（g/km）	CO 11 工况（g/试验）	HC 10.15 工况（g/km）	HC 11 工况（g/试验）	NO_x 10.15 工况（g/km）	NO_x 11 工况（g/试验）	微粒/（g/km）
汽油乘用车		2000①	0.67 (1.27)③	19 (31.1)	0.08 (0.17)	2.2 (4.42)	0.08 (0.17)	1.4 (2.5)	
汽油载货车	≤1.7	2000①	0.67 (1.27)	19 (31.1)	0.08 (0.17)	2.2 (4.42)	0.08 (0.17)	1.4 (2.5)	
	1.7~2.5	1994①	13 (17)	100 (130)	2.1 (2.7)	13 (17.7)	0.4 (0.63)	5 (6.6)	
		1998①	6.5 (8.42)	76 (104)	0.25 (0.39)	7 (9.5)	↑	↑	
		2001①	2.1 (3.36)	24 (38.3)	0.08 (0.17)	2.2 (4.42)	0.13 (0.25)	1.6 (2.78)	
柴油载货车	≤1.7	1993②	2.1 (2.7)		0.4 (0.62)		0.6 (0.84)		0.2 (0.34)
		1997②	↑		↑		0.4 (0.55)		0.08 (0.14)
		2002②	0.63		0.12		0.28		0.052
	1.7~2.5	1993②	2.1 (2.7)		0.4 (0.62)		1.3 (1.82)	0.25 (0.43)	
		1997②	↑		↑		0.7 (0.97)		0.09 (0.18)
		2003②	0.63		0.12		0.49		0.06

①1992 年起改为 10.15 工况，g/km。

②1993 年后改为 10.15 工况，g/km。

③号外为平均值，括号内为最大值。

附表 8　日本最新柴油车排放目标限值　g/（kW·h）

车型		PM	NO$_x$	CO	NMHC	实行时间
轿车	限值	0.005	0.08	0.63	0.024	2009
	下降幅度	62%	43%	0	0	
轻型车 （<1700kg）	限值	0.005	0.08	0.63	0.024	2009
	下降幅度	62%	43%	0	0	
中型车 （GVW 为 1700~3500kg）	限值	0.007	0.15	0.63	0.024	2009 年（>2500） 2010 年（≤2500）
	下降幅度	53%	40%	0	0	
重型车 （GVW>3500kg）	限值	0.01	0.7	2.22	0.17	2009 年（>12000） 2010 年（≤12000）
	下降幅度	63%	目标65% 挑战88%	0	0	

注：1. 长期规划对比值为与现行标准（2003 年后目标）。

2. GVW 为车辆总质量；NMHC 为非甲烷碳氢化合物。

欧洲于 1993 年 10 月起执行 EEC/MVEG – 1 新法规，同时改用 ECE15 + EUDC（郊外高速工况）工况；1996 年执行 MVEG – 2 法规，将 CO 的限值降低约 20%，HC + NO$_x$ 限值降低约 50%，达到 0.5g/km；2000 年执行 MVEG – 3 法规，将 CO 再减少约 1/3，对 HC 和 NO$_x$ 实行分开限制，两者之和降低 60% 以上，相当美国加州低排放车 LEV 的排放限值。同时 MVEG – 3 法规测试时，规定发动机起动后立即采样（2 号法规是起动 40s 后采样），这相当于进一步加严了对 CO、HC 的限制；2005 年执行 MVEG – 4 法规，对 CO 降低约 35%，HC 和 NO$_x$ 各降低约 50%，具体限值见附表 9。对于总质量≤3500kg 轻型货车（或乘员数大于 6 人，但总质量<3500kg 乘用车），按车辆基准质量分成三组给定限值，见附表 10。

附表 9　欧洲轻型乘用汽车的排放限值　g/km

汽油车								
标准	生效日期	CO	HC + NO$_x$	标准	生效日期	CO	HC	NO$_x$
欧洲 1	1993.10	2.72	0.97	欧洲 3	2000.10	1.5	0.2	0.15
欧洲 2	1996.10	2.2	0.5	欧洲 4	2005.10	1.0	0.1	0.08

续附表 9

g/km

标准	生效日期	CO	HC + NO$_x$	PM	标准	生效日期	CO	HC + NO$_x$	NO$_x$	PM
<center>柴油车</center>										
欧洲 1	1993.10	2.72	0.97	0.14	欧洲 3	2000.10	0.64	0.56	0.50	0.05
欧洲 2①	1996.10	1.0	0.7	0.08	欧洲 4	2005.10	0.50	0.30	0.25	0.025
欧洲 2②		1.0	0.9	0.1						

①间接喷射式

②直接喷射式

附表 10　欧州轻型货车的排放限值①

法规	基准质量 Rm/kg		Rm≤1 250	1 250 < Rm≤1 700	Rm > 1700
欧州 1 (1993.10)		CO	2.72	5.17	6.90
		HC + NO$_x$	0.97	1.40	1.70
		PM	0.14	0.19	0.25
欧州 2 (1996.10)	汽油	CO	2.2	4.0	5.0
		HC + NO$_x$	0.5	0.6	0.7
	柴油	CO	1.0	1.25	1.5
		HC + NO$_x$	0.7	1.0	1.2
		PM	0.08	0.12	0.17
欧州 3 (2000.10)	汽油	CO	2.3	4.17	5.22
		HC	0.2	0.25	0.20
		NO$_x$	0.15	0.18	0.21
	柴油	CO	0.64	0.80	0.95
		HC + NO$_x$	0.56	0.72	0.86
		NO$_x$	0.50	0.65	0.78
		PM	0.05	0.07	0.10
欧州 4 (2005.10)	汽油	CO	1.00	1.81	2.27
		HC	0.10	0.13	0.16
		NO$_x$	0.08	0.10	0.11
	柴油	CO	0.50	0.63	0.11
		HC + NO$_x$	0.30	0.39	0.46
		NO$_x$	0.25	0.33	0.39
		PM	0.025	0.04	0.06

①包括乘员数超过 6 人和最大总质量超过 2 500 kg 的乘用车。

2. 重型汽车排气限制标准

世界各国在 20 世纪 80 年代后加强了对重型汽车的排放控制，附表 11 是美国重型汽车（总质量 m > 3 855 ks）采用 EPA 瞬态工况试验的排气限制标准，对柴油车和汽油车分别限制；附表 12 是日本 20 世纪 90 年代后重型汽车（总质量 m > 2 500 ks）排气限制标准，并于 1994 年后采用 13 工况试验；欧洲从1982年起对重型载货汽车和公共汽车应用ECE49—13工况稳态试验法，对CO、HC、NO$_x$进行控制，1992年实施欧洲1号法规增加了微粒控制，2000年实施的3号法规又增加了对动态烟度测试，附表13是欧洲ECE（EEC）重型柴油货车（总质量 m>3 500 kg）的排气限制标准。

附表11　美国重型车（车辆总质量 m>3855kg）排气限制标准[1]

标准	车型范围	车辆总质量	时间	CO/[g/(kW·h)]	HC/[g/(kW·h)]	NO$_x$/[g/(kW·h)]	蒸发/(g/次)	怠速CO/%
美国联邦	汽油机[2]	m≤6350kg	1987~1989	19.2 50.3	1.5 2.0	14.4	3.0 4.0	0.5
		m≤6350kg	1990	19.2 50.3	1.5 2.0	8.2	3.0 4.0	0.5
		m≤6350kg	1991起	19.2 50.3	1.5 2.0	6.8[3] (8.2)	3.0 4.0	0.5
	柴油机[2]	车辆总质量	时间	CO/[g/(kW·h)]	HC/[g/(kW·h)]	NO$_x$/[g/(kW·h)]	PM/[g/(kW·h)]	烟度(%)
		m>3855kg	1987	21.1	1.8	1989前 14.6	—	加速25 减速15 最大50
			1988~1990				0.82	
			1991~1993			1990后 6.8(8.2)	0.34(0.82)	
			1994				0.14(0.82)	
美国加州	汽油机[2]	车辆总质量	时间	CO/[g/(kW·h)]	HC/[g/(kW·h)]	NO$_x$/[g/(kW·h)]	蒸发/(g/次)	怠速CO(%)
		m≤6350kg	1987	19.2 50.3	1.5 2.0	14.4	0.2	0.5
		m≤6350kg	1988~1990	19.2 50.3	1.5 2.0	8.2		
		m≤6350kg	1991起	19.2 50.3	1.5 2.0	6.8 (8.2)		
	柴油机[2]	车辆总质量	时间	CO/[g/(kW·h)]	HC/[g/(kW·h)]	NO$_x$/[g/(kW·h)]	PM/[g/(kW·h)]	烟度(%)
		m>3855kg	1987	2.1	1.8	6.9	—	加速25 减速15 最大50
			1988~1990			8.2	0.82	
			1991~1993			6.8(8.2)	0.34(0.82)	
			1994起				0.14(0.82)	

①采用 EPA 瞬态试验。

②曲轴箱排放 =0。

②号内为最大值,括号外为平均值。

附表 12　日本重型车(车辆总质量 m > 2 500 kg)排气限制标准

车型范围	试验规程	时间	CO	HC	NO$_x$	PM	烟度
总质量 2 500 kg 以上汽油车和液化石油气货车	汽油车 6 工况	1994.4 前	1.1 (1.6)%	440(520) × 10^{-6}	650(850) × 10^{-6}	—	—
	汽油车 13 工况	1994.4 后 [g/(kW·h)]	105 (136)	6.8(7.9)	5.5(7.2)		
总质量 2 500 kg 以上柴油货车和公共汽车	柴油车 6 工况	1996.4 前 (× 10^{-6})	790 (980)	510 (670)	260(350)① 400(520)②	—	50%
	柴油车 13 工况	1994.4 后 [g/(kW·h)]	7.4 (9.2)	2.9(3.8)	5.0(6.8)① 6.0(7.8)②	0.7 (0.96)	40%

①隔式

③喷式

附表 13　欧州重型柴油货车排气限制标准　　　　　　　　　　g/(kW·h)

	欧州 0	欧州 1	欧州 2	欧州 3			欧州 4/5	
测试循环	ECE R49	ECE R49	ECE R49	ECE R49	ESC	ETC		
实施时间	1982	1988	1992	1995	2000	2000	2005/2008	2005/2008
CO	14	11.2	4.5	4.0	2.1	5.45	1.5	4.0
HC	3.5	2.4	1.1	1.1	0.66	—	0.46	—
非甲烷 HC	—	—	—	—	0.78	—	0.55
CH$_4$	—	—	—	—	1.6	—	1.1
NO$_x$	18	14.4	8.0	7.0	5.0	5.0	3.75/2.0	3.5/2.0
微粒	—	0.61 0.36①	0.15 0.25②	0.1 0.13②	0.6 0.21②	0.02	0.03
动态烟度	—	—	—	—	0.8m^{-1}	0.5m^{-1}

①适用于 >85 kW 的柴油机。

②适用于单缸排量小于 0.7 L,额定转速大于 3 000 r/min 柴油机。